致密油藏储层地应力预测及微地震监测

高秋菊　　宋　亮　　刘显太

张云银　　魏欣伟　　巴素玉　　著

芮拥军　　刁　瑞　　孔省吾

U0190261

中国海洋大学出版社

·青岛·

图书在版编目（CIP）数据

致密油藏储层地应力预测及微地震监测/ 高秋菊等
著. --青岛:中国海洋大学出版社,2020.11
ISBN 978-7-5670-2678-0

Ⅰ.①致… Ⅱ.①高… Ⅲ.①致密砂岩—砂岩油气藏
—地应力—预测—研究②致密砂岩—砂岩油气藏—小地震
—地震监测—研究 Ⅳ.①P618.130.8②TE343

中国版本图书馆 CIP 数据核字(2020)第 240338 号

出版发行	中国海洋大学出版社
社　　　址	青岛市香港东路 23 号
邮政编码	266071
出 版 者	杨立敏
网　　　址	http://pub.ouc.edu.cn
电子信箱	dengzhike@sohu.com
订购电话	0532-82032573(传真)
责任编辑	邓志科
电　　　话	0532-85901040
印　　　制	青岛国彩印刷股份有限公司
版　　　次	2020 年 11 月第 1 版
印　　　次	2020 年 11 月第 1 次印刷
成品尺寸	185 mm×260 mm
印　　　张	13.875
字　　　数	330 千
印　　　数	1～1000
定　　　价	89.00 元

发现印装质量问题,请致电 0532-58700168,由印刷厂负责调换。

前　　言

　　济阳坳陷致密油藏类型多样、成因复杂、埋藏深，非均质性强，大多需要采用大斜度或水平井分段压裂改造增加产能，而致密储层应力场特征精细描述、裂缝发育程度及压裂缝网监测等都是致密油藏经济高效开发的重要基础工作。为实现致密油藏的有效勘探开发必须建立储层地应力预测及微地震监测方法，以满足致密油藏开发部署对储层应力场特征精细认识的需求。

　　地应力是存在于地壳中的内应力。地应力的研究可用于致密储层裂缝预测、油气甜点发育区分析、井网部署和油层压裂等方面，与油气勘探和工程密切相关。地应力主要采用间接方法测量得到，局限于井点处地应力。由于地应力影响因素多，变化复杂，空间展布特征预测难度大，需要联合钻井、测井、岩石物理测试的地应力大小攻关地应力地震预测技术，从而表征致密储层的地应力空间展布特征。特别对于致密油气藏发育的区带，地应力的分布影响着地层裂缝的发育程度与走向，与地层的可压裂性联系密切。裂缝高度主要由纵向的最小主应力差控制。在应力一定的情况下裂缝宽度主要受杨氏模量控制。最小水平主应力作用在水力裂缝并使其闭合，它垂直于水力裂缝。为了指导致密储层目标优选和井位部署方案的设计，有必要研究致密储层地应力预测方法。本次研究中利用研究区地质、地震和测井资料，结合岩石物理测试，明确了致密储层地应力作用效果，建立了地应力单井测井计算模型，探索了致密油藏发育区地应力地震预测技术，形成了地应力大小和方位地震预测流程，开展了地应力应用研究，及压裂效果的微地震监测，为致密储层综合评价提供了重要依据。

　　以济阳坳陷致密油藏发育区为例，详细阐述了致密储层地应力预测及微地震监测技术。全书共五章，第一章为地应力的影响因素及作用效果，介绍地应力影响因素分析及其在油气勘探开发中的作用；第二章为地应力测井表征方法，主要介绍地应力岩石力学参数测试与建模和地应力的常规测井表征模型；第三章为地应力地震响应特征模拟，重点介绍地应力的地震物理模拟方法；第四章为地应力预测技术研究，主要论述地应力场的三维有限元模拟、基于叠前弹性参数的地应力大小预测和基于叠前方位差异的地应力方位预测；第五章为致密储层微地震监测技术，主要介绍微地震监测在致密储层勘探开发中发挥的作用。

　　本书所涉及的研究工作主要依托国家科技重大专项"渤海湾盆地济阳坳陷致密油开发

示范工程"（2017ZX05072）下设任务"致密油藏储层地震预测方法及地应力研究"的相关内容，论述成果是项目组成员集体智慧的结晶。参加本项研究工作的主要有中国石油化工股份有限公司胜利油田分公司物探研究院的张云银、谭明友、高秋菊、芮拥军、巴素玉、张营革、张建芝、宋亮、魏欣伟、刁瑞、张秀娟、张明秀、周小平、林述喜、金春花、刘建伟等，以及中国石油化工股份有限公司高级专家刘显太教授级高工，以及中国石油大学（华东）的宋维琪、尹兵祥、邵才瑞、张福明、孙峰等老师，中国石油化工股份有限公司石油物探技术研究院司文朋等。在任务研究和书稿编写过程中，得到了中国石油化工股份有限公司胜利油田分公司油气开发管理中心、科技管理部、物探研究院等相关单位支持，在此一并表示衷心感谢！

　　由于作者水平有限，书稿中存在许多不足之处，敬请广大读者批评指正。

笔者

2020 年 6 月

目　录

致密油藏区域应力场特征 ≫≫≫

第一节　地应力场分布特征

一、地应力场定义

地壳或地球体内,应力状态随空间点的变化,称为地应力场(stress field in the earth's crust)。广义上讲,地质构造现象是由总地应力决定的。总地应力包含受重力控制的上覆岩体重量造成的静地应力(垂向压应力)与受地壳构造运动控制的构造应力两部分。构造应力场是变化的,而静地应力场相对恒定,可见总地应力主要是由构造应力场的变化引起。因此,多数学者习惯用狭义的概念,将静地应力视为地静应力,属地压场的范畴,而将地应力场称为构造应力场。

地应力场一般随时间变化,但在一定地质阶段相对比较稳定。在地质力学中,地应力场分为古地应力场和现今地应力场。地应力场对地质构造研究,对震源、矿藏和地下水分布的研究,以及对工程开挖和地下建筑等方面均有重要意义。

构造应力是因构造外力作用而产生的地质体内单位面积上的内力,其空间分布即为构造应力场。

构造应力场按地质时期的先后可划分为古构造应力场和现代应力场,两者与低渗致密油藏开发关系密切。其中,古构造应力场(一般指第四纪中更新世之前的地质时期)的发展演化控制了低渗透储集层中天然裂缝的形成和分布,而现代应力场(通常指中更新世以来的新构造运动期)影响天然裂缝的保存状况及渗流规律。古构造应力场一般要通过构造变形结果来反推,现代应力场(其中的构造应力场由新构造运动期的构造力作用控制,还包括重力引起的静岩应力及其他因素引起的应力)可以用多种方法实测。

二、地应力场演化特征

研究区位于济阳坳陷渤南地区。在地质史上,该区主要经历的3次大的构造运动,依次为三叠纪晚期的印支运动、中生代的燕山运动和新生代的喜马拉雅运动,不同时期的地应力场差异明显。

1. 印支运动时期

受华北板块和华南板块碰撞挤压所控制,印支期发育北西向挤压逆冲构造形成区域右旋力偶作用的应力场。总体以北西逆冲断层和褶皱为特征,其中渤南地区北部表现更为强烈,该逆冲推覆构造的发育时间、走向与华北板块南缘的秦岭—大别—苏鲁造山带的形成时代和延伸方向相对应。此时,渤南地区东部最大水平主应力方向为南北向。

2. 喜山运动时期

燕山期的裂陷作用是整个华北地区大规模区域性伸展作用的体现。

早白垩纪主应力为北西—南东向,先拉张后挤压;晚白垩纪先南北向拉张,后北北西—南南东向挤压。

3. 喜马拉雅运动时期

济阳运动和东营运动是喜山期发生的区域性构造运动,其中前者发生于沙四段沉积末期,更多的是与太平洋板块向欧亚大陆俯冲方向由北北西向转变为北西西向所诱发的郯庐断裂的走滑作用有关;后者发生于东营期沉积末期,喜山运动持续,主要为印度板块向亚欧板块碰撞所致,体现了断陷阶段断块掀斜运动到整体抬升、剥蚀夷平再到坳陷阶段整体沉降的演化过程。

古近纪最大水平主应力方向为南北向拉张;古近纪末期变为北东东—南西西向挤压,并一直持续至今。

三、现今应力特征

应力场性质分析结果表明,济阳坳陷渤南地区沙四上亚段的应力场主要是 $S_{hmin} < S_{Hmax} < S_v$,属于正断层应力机制。结合井壁崩落、成像测井及多极子阵列声波测井资料,分析认为济阳坳陷渤南地区沙四上亚段地层的地应力场主要方向为北东向和近东西向(图 1-1-1)。

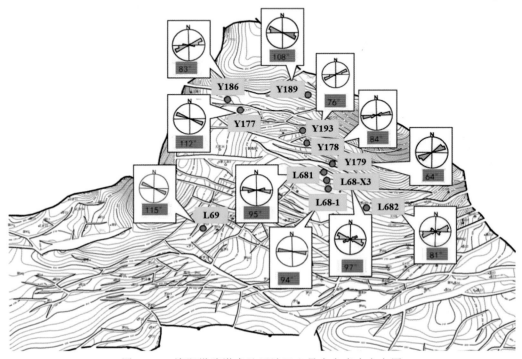

图 1-1-1 济阳坳陷渤南地区沙四上最大主应力方向图

第二节 地应力场影响因素

地应力场通常受到地质构造、地貌、地形、岩性等因素的控制,影响因素十分复杂。整体上看,有以下 4 点:

① 地应力场与构造运动有密切的关系;

② 岩体的岩性、埋藏深度、重力、物理力学性质、温度等经常性因素对岩体的初始应力状态有很大影响;

③ 地下水的活动、人类长期活动等局部性的或者暂时性的因素是第三大影响因素;

④ 地应力场最大主应力在平坦地区或者深部受构造方向控制,在山区则和地形有关,在浅层往往平行于山坡方向。

一、地应力与埋深的关系

应力场 σ 是由自重力应力场 σ_g 与构造应力场 σ_x 叠加的结果,随深度变化而变化:

$$\sigma = \sigma_g + \sigma_x \tag{1-2-1}$$

自重力应力场 σ_g:以垂直应力为主,垂直应力大于水平应力;应力为压应力;应力随深度增加而增加。在构造不发育地区、第四纪冲积层、裂隙发育地区、岩性较软的塑形掩体地区,其应力场基本符合重力应力场的分布规律。

一般来说,重力应力场 σ_g 可以利用上覆应力来求取,上覆应力通过对地层密度进行积分计算得到。典型的地层密度通过电缆测井得到,也可以利用岩心的密度。

$$\sigma_g = \sigma_z = \int_0^z \rho_z \cdot g \cdot dz \tag{1-2-2}$$

式中:σ_z 为上覆应力,ρ_z 为密度测井值,g 为重力加速度,z 为深度。

在没有密度测井或测井质量差的层段利用指数曲线外推:

$$\rho_z = \rho_{sur} + A_0 \cdot (TVD - WD - AG)^\alpha \tag{1-2-3}$$

式中:ρ_{sur},A_0 和 α 是参数,TVD 是真垂深,WD 是水深,AG 是钻台面离地面高度。

从公式 1-2-2 和 1-2-3 中可以看出,埋深越大,垂直应力越大,实钻井也证实了这一点。

构造应力场与 σ_x:应力有压应力,也有拉应力;以水平应力为主;分布不均匀,通常以地壳浅部为主。原岩应力基本由重力应力场和构造应力场叠加。构造应力复杂多变,难以有定量的规律。

在地壳的浅部(<2 km),以构造应力为主,地应力的垂直分量和岩体自重应力大致相等,且垂直分量小于水平分量。根据实测地应力资料,得到侧压比(平均水平主应力与垂直应力的比值)通常为 0.8~1.5,这说明在浅部地层中,地应力的垂直分量普遍小于平均水平应力,因此在浅部地层,最大主应力为 σ_x,是水平方向;垂直应力一般为最小主应力;在深部地层,随着自重应力的增大,最大主应力 σ_g 为垂直方向。

统计 3 口井在不同深度段的实测应力数据表明(图 1-2-1):三向地应力值随着深度的增加而逐渐变大,随着深度的增加,两个水平主应力增加速度则有所不同,各主应力深度趋势线的斜率有差别:垂直地应力随深度增加,地应力均匀增加;水平最小主应力随着深度增加,其增加的速率有所减小;水平最大主应力随深度增加,其增加的速率有变大的趋势。这反映出深部地层水平地应力不仅来源于垂直应力的诱导,还受到较强的区域残余构造应力的影响。

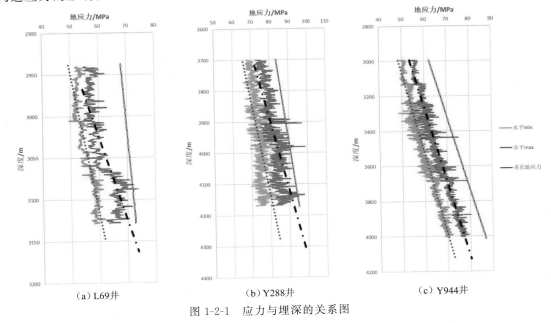

（a）L69井　　　（b）Y288井　　　（c）Y944井

图 1-2-1　应力与埋深的关系图

二、地应力与温度的关系

地应力受地温梯度的影响，温度升高引起体积膨胀，但变形受到约束，会引起温度应力，地温梯度约为 3°/100 m，温度应力会随深度增加而增大，占垂直应力的 1/9 左右，为静水应力场。

温度变化会产生收缩和膨胀，导致岩体内产生温度应力，有些温度应力有可能残余。

利用钻井实测数据分析，结合实测地温梯度，认识到地层温度随埋深增大而增加。从地应力与地层温度交会图（图 1-2-2、图 1-2-3）可以看出，三向地应力均随着地层温度的升高而增大；地层温度随埋深增加而逐渐增大。

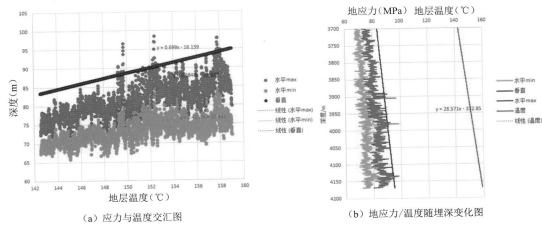

（a）应力与温度交汇图　　　（b）地应力/温度随埋深变化图

图 1-2-2　Y288 井应力与温度的关系

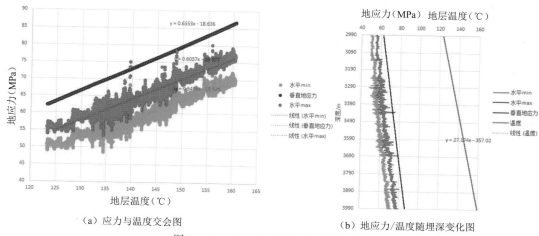

（a）应力与温度交会图　　　　（b）地应力/温度随埋深变化图

图 1-2-3　Y944 井应力与温度的关系

三、地应力与构造的关系

断裂构造对地应力大小与方向的影响是局部的,同一构造单元的各构造块体内的应力大小较一致,局部有变化;在活动断层和地震区地应力释放,数值减小;最大主应力常垂直于构造线。

地形地貌和剥蚀作用对地应力有影响,在低洼处,应力值较高;构造脊处,应力值较低;在剥蚀区,原有应力可能封闭,来不及松弛。

1. 应力与褶曲构造的关系

应力场作用下,塑性变形运动形成褶曲构造,包括横向弯曲和纵向弯曲两种。明胶冻实验结果(图 1-2-4)表明:对于横弯曲变形有关的应力场来说,最大剪应力集中区分布在基底断块两侧和模型顶部;从主应力轨迹线可见,模型上不以拉张为主,在宽基底的情况下底部有侧向挤压;剪应力轨迹勾画了上部裂隙可能的方向。对于纵弯曲变形有关的应力场来说,最大剪应力在褶皱面附近弯曲的内侧和外侧比较集中;最大主应力轨迹线在背斜处显示下凹形弯曲;在弯曲外侧,最大主应力轨迹线垂直褶皱轴线,在弯曲内侧则平行褶皱轴线。

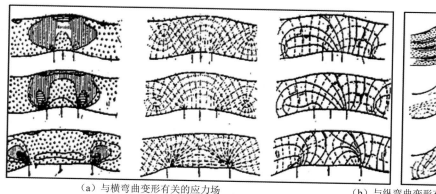

（a）与横弯曲变形有关的应力场　　　　（b）与纵弯曲变形有关的应力场

图 1-2-4　明胶冻实验结果示意图

渤南地区所在的沾化凹陷为一个北东轴向、北断南超的箕状凹陷,经历了燕山运动、喜马拉雅运动等多次构造运动的影响,在罗家地区形成了向北倾没的大型鼻状构造——罗家鼻状构造,即为一个明显的褶曲实例。

罗家鼻状构造的形成及演化经历了3个阶段(图1-2-5),即早期形成阶段(沙河街组四段沉积时期)、继承性发育阶段(沙三段—东营组沉积时期)和最终定型阶段(新近系—第四纪沉积时期)。

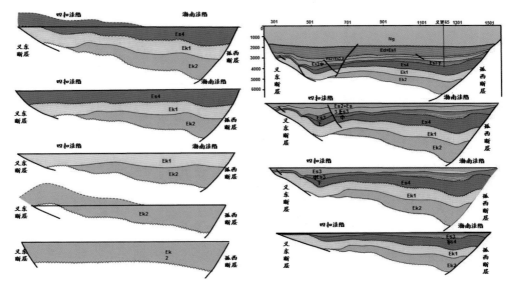

图 1-2-5　渤南地区第三系构造演化剖面

2. 应力与断层关系

已有断层会引起断层周围的应力场畸变(包括大小和方向):

① 应力大小:分析认为断层附近的应力变化可分为三种区域(图1-2-6):一种为最大剪应力增加区,主要分布在断层的端点、拐点、交汇点等处;一种为最大剪应力减小区,主要沿断层分布;还有一种为应力不变区,分布在远离断层的区域。

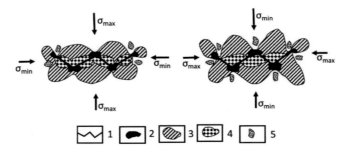

1.断层;　2.τ_{max}强增加区;　3.τ_{max}增加区;　4.τ_{max}强下降区;　5.τ_{max}下降区

图 1-2-6　断层周围应力场的畸变示意图

本区实钻井实测数据统计表明,地应力的大小与断层距离关系明显(图1-2-7):随着与断层距离的增加,三向地应力均明显有增大的趋势。

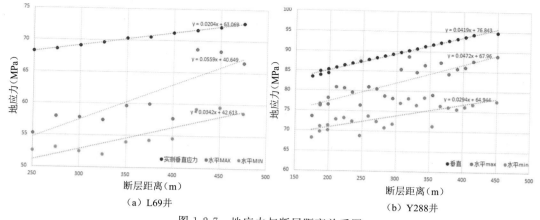

（a）L69井　　　　　　　　　　　　　（b）Y288井

图 1-2-7　地应力与断层距离关系图

② 应力方向：在地应力的作用下，地层沿断面产生走滑，可使最大主应力方向转变为近似平行于断层走向。

实测分析说明，已有断层可以改变局部的最大水平主应力方向（图 1-2-8）：渤南地区断层走向以近东西向为主，实测的最大主应力方向也为近东西向，而通过前面分析，现今沾化凹陷整体应力场应为北东东向，这说明已有断层对局部应力场存在影响。

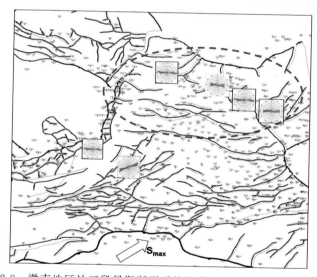

图 1-2-8　渤南地区沙三段早期断裂系统及实测最大主应力方向分布图

断层对区域应力场的分布造成明显的影响，同时断层的形成和发育也是应力释放的表现形式。断裂越发育，地应力状态的变化幅度越大，方向越分散，在断层的端部位置，则往往会出现应力的集中效应。一般来说，断层的走向与最大水平应力方向平行，断层封闭性越好，应力越大。

四、地应力与裂缝的关系

结合前人的研究，裂缝形成的条件有 2 个：足够大的孔隙流体压力；增大的差应力值，即裂缝的形成是应力场作用的表现方式之一。

应力场对裂缝的影响主要表现在 3 个方面：

1. 应力场影响裂缝发育类型

应力场作用形成的裂缝类型主要是构造缝、剪切裂缝、扩张裂缝和拉张裂缝。

剪切裂缝是在压应力作用下形成的,理论上以两组共轭剪切裂缝的形式出现,但岩层强烈的非均质性通常可以抑制其中一组发育,而只留下另一组。剪切裂缝以高角度缝为主,具有透入性分布特征。此外,常见有两类低角度剪切裂缝:一类为在泥质岩中发育的滑脱裂缝;另一类为在逆冲构造带中发育的近水平剪切裂缝。

扩张裂缝和拉张裂缝都是垂直于最小主应力方向分布的,规模小、延伸短,但是扩张裂缝是在压应力作用下形成的,因而常与剪切裂缝同时出现。

拉张裂缝的形成要求至少最小主应力是张应力,通常呈透镜状局部发育,并被沥青、方解石等脉体充填。除了岩层弯曲派生的拉张应力形成的纵张裂缝外,沉积盆地中拉张裂缝的形成通常有异常高压流体的参与。异常高压流体可以使逆冲构造带中的挤压应力变为拉张应力,从而在挤压应力环境中形成拉张裂缝。拉张裂缝是沉积盆地古异常高压流体存在的重要指示标志。

2. 应力场影响裂缝发育产状及状态

由于区域应力场主应力方向的转变,渤南地区罗家鼻状构造持续运动,同时由于岩性的非均质性,形成了罗家鼻状构造西翼、东翼和中脊 3 种产状的裂缝(图 1-2-9),倾向以北东、北西和南北向为主,走向基本和断层平行。就现今应力场来看,本区裂缝中后期改造的拉张裂缝处于半开启状态,而后期形成的剪切裂缝处于开启状态,有利于油气富集成藏。

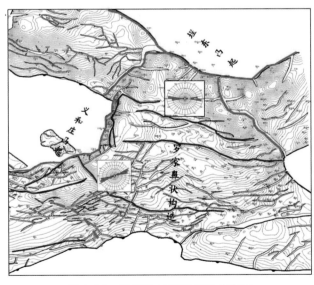

图 1-2-9　渤南地区裂缝产状分布图

3. 应力场影响裂缝发育程度

应力场影响裂缝发育程度包括 3 个方面:

一是断裂(或褶皱)密集程度影响裂缝发育程度。裂缝成因研究表明,控制渤南地区裂缝发育的主要因素有岩性、构造应力和成岩作用。其中,构造应力为主控因素,多期强烈的构造作用,形成了多期断裂,促使差应力增大,导致裂缝的发育。

二是褶曲构造影响裂缝发育程度。分析认为,局部褶曲也可以形成裂缝,一般在脆性转折点附近形成平行于脊线的扩张裂缝,在腰部发育较差。对于渤南地区来说,鼻梁处褶曲形成的裂缝较为发育,走向为北北东-南南西,易于与裂陷时期形成的拉张裂缝形成网状缝;鼻状构造倾末端裂缝发育程度稍差。

三是构造应力方向的转变影响裂缝发育程度。构造应力方向的转变,可以在岩体中形成网状缝,方向扭转处有效裂缝最发育。

从整体构造应力场变化以及形成相应的构造样式(褶曲和断裂)来看,渤南地区裂缝发育可以按罗家鼻状构造西翼、中脊以及东翼三个地区来分析。

对于罗家鼻状构造西翼来说,早期的北西西向断层被晚期的北北东向断层切割成网状,受罗家鼻状构造以及早期南北向张性应力场的影响和作用,断层附近形成了拉张裂缝,走向与断层走向一致;后期在北北东-南南西向挤压应力下改造了早期形成的张裂缝,使早期北西向裂缝闭合,而北东向、东西向裂缝持续开启,并形成了以断层为轴线共轭的剪切裂缝,两种裂缝呈网状;现今主要裂缝走向为北东-南西向,倾向以北西向为主,裂缝处于开启状态。

对于罗家鼻状构造东翼来说,后期北北东-南南西向挤压应力改造了早期形成的与断层(北西向)走向一致、倾向北东向的张裂缝,裂缝走向与应力方向垂直,使早期北西向裂缝闭合。现今东翼裂缝整体不发育,早期北西向裂缝均已处于闭合状态。

对于罗家鼻状构造中脊来说,后期北北东-南南西向挤压应力场改造了早期形成的张裂缝,使早期近东西向裂缝处于闭合阶段,而北东向持续开启,形成了以断层为轴线共轭的剪切裂缝。现今裂缝走向以北东-南西向剪切裂缝为主,倾向以南北向为主,裂缝处于开启状态,并存在部分改造后的近东西向拉张裂缝。

总的来说,裂缝发育依托于应力场作用下形成的断裂和褶皱引起的岩石破碎。对于渤南地区来说,断裂作用为主,褶曲作用为辅;裂缝主要为经后期应力场改造的拉张裂缝和后期应力场作用下形成的剪切裂缝。整体上看,北西向裂缝处于闭合状态,北东向裂缝以及近东西向裂缝开启。北西向断层和北东向断层交汇处,裂缝最为发育。

第2章

致密油藏储层地应力测井表征方法 >>>

第一节 岩石力学参数测试与建模

一、岩样岩石力学参数实验测量

在实验室内对岩心进行静态加载,测量其形变得到的弹性参数称为静态弹性参数,利用测井资料计算的岩石弹性参数为动态参数。在利用测井资料进行岩石力学参数评价时,必须首先进行采样测量静态参数,然后对基于测井资料的计算模型进行刻度标定。

1. 岩样采集和测量概况

本次在济阳坳陷的 Y176、Y22、Y920 等致密油藏区块实际采样 70 块岩心(表 2-1-1),测量岩心常规孔隙度和地层压力条件下纵、横波速度 50 块,测量得到岩石力学参数 36 块(参数齐全 28 块),岩石强度测量 8 块。部分取样照片见图 2-1-1~2-1-3。

表 2-1-1 岩心取样清单

块号	井名	序号	盒号	筒次	深度(m)	岩性定名	块数	岩心长度(cm)	分析项目
1	Y936	1	1	1	3 491.4	细砂(灰色油斑)	1	6.6	岩石力学
2	Y936	2	2	1	3 494.1	细砂(灰色油斑)	1	6.7	岩石力学
3	Y936	3	3	1	3 494.97	细砂(灰色油斑)	1	7.5	岩石力学
4	Y936	4	3	1	3 495.25	细砂(灰色油斑)	1	6.2	岩石力学
5	Y936	5	3	1	3 495.75	细砂(灰色油斑)	1	6.4	岩石力学
6	Y936	6	6	2	3 627.53	砾状砂岩(灰褐色油浸)	1	4	岩石力学
7	Y936	7	12	3	3 792.15	细砾岩(灰色油斑)	1	6.2	岩石力学
8	Y936	8	12	3	3 792.56	细砾岩(灰色油斑)	1	7	岩石力学
9	Y936	9	12	3	3 793.1	细砾岩(灰色油斑)	1	6	岩石力学
10	Y936	10	14	4	4 098.07	细砾岩(灰色油斑)	1	7	岩石力学
11	Y935	1	1	1	3 880.7	灰色细砂岩	1	6.7	岩石力学
12	Y935	2	4	1	3 884.8	灰色含泥细砂岩	1	6.5	岩石力学
13	Y935	3	7	2	3 888.5	灰色细砂岩	1	6.3	岩石力学

续表

块号	井名	序号	盒号	筒次	深度（m）	岩性定名	块数	岩心长度（cm）	分析项目
14	Y935	4	9	2	3 892.25	灰色含砾细砂岩	1	6.1	岩石力学
15	Y935	5	9	2	3 892.72	灰色含砾细砂岩	1	6.5	岩石力学
16	Y935	6	10	2	3 894.2	灰色含砾细砂岩	1	8.5	岩石力学
17	Y935	7	13	3	3 897.26	灰色砾岩	1	6.2	岩石力学
18	Y935	8	15	3	3 900.95	灰色粗砂岩	1	6.8	岩石力学
19	Y935	9	17	4	3 903.11	灰色粗砂岩	1	6.6	岩石力学
20	Y935	10	20	4	3 906.26	灰色含砾粗砂岩	1	6.1	岩石力学
21	Y935	11	22	5	3 910.07	灰色含砾粗砂岩	1	6	岩石力学
22	Y935	12	23	5	3 911.5	灰色泥质粉砂岩	1	6.1	岩石力学
23	Y935	13	25	5	3 914.9	灰色含砾粗砂岩	1	6.5	岩石力学
24	Y290	1	1	1	3 911.6	粉砂质泥岩	1	7.7	岩石力学
25	Y290	2	1	1	3 913.01	褐色粉砂岩	1	9.6	岩石力学
26	Y290	3	2	1	3 913.62	灰色泥质粉砂岩	1	7.9	岩石力学
27	Y290	4	4	1	3 915.87	灰色泥质粉砂岩	1	8.2	岩石力学
28	Y189	1	5	2	4 277.23	粉砂质泥岩	1	7.1	岩石力学
29	Y189	2	6	2	4 278.68	褐色粉砂岩	1	6.7	岩石力学
30	Y189	3	7	2	4 280.65	灰色泥质粉砂岩	1	7	岩石力学
31	Y189	4	9	2	4 283.2	灰色泥质粉砂岩	1	6.7	岩石力学
32	Y176	1	3	1	3 686.98	粉砂质泥岩	1	6.2	岩石力学
33	Y176	2	4	1	3 687.8	粉砂岩	1	5.5	岩石力学
34	Y176	4	5	2	3 690.3	细砂岩	1	6.6	岩石力学
35	Y176	3	6	2	3 692.28	粉砂岩	1	5.6	岩石力学
36	Y176	5	9	3	3 786.02	细砂岩	1	6	岩石力学
37	Y176	6	11	3	3 788.77	粉砂岩	1	5	岩石力学
38	Y173	1	5	2	4 115.5	深褐色粗砂	1	7.3	岩石力学
39	Y173	2	5	2	4 115.9	深褐色粗砂	1	6.9	岩石力学
40	Y173	3	5	2	4 116.08	深褐色粗砂	1	6.7	岩石力学
41	Y173	4	5	2	4 116.26	深褐色粗砂	1	8.1	岩石力学
42	Y173	5	5	2	4 116.48	灰色细砂	1	8.5	岩石力学
43	Y173	6	6	2	4 117.4	灰色粉砂	1	6.8	岩石力学
44	Y173	7	6	2	4 117.89	灰色粉砂	1	6.6	岩石力学
45	Y173	8	6	2	4 118.18	浅褐色细砂	1	8.6	岩石力学
46	Y173	9	7	2	4 118.84	灰黑色细砂	1	8.7	岩石力学
47	Y173	10	7	2	4 119.51	灰黑色细砂	1	8.6	岩石力学

块号	井名	序号	盒号	筒次	深度（m）	岩性定名	块数	岩心长度（cm）	分析项目
48	Y173	11	7	2	4 119.77	深褐色细砂	1	7.5	岩石力学
49	Y173	12	8	3	4 121.41	深褐色细砂	1	7.3	岩石力学
50	Y173	13	9	3	4 122.06	深褐色细砂	1	6.8	岩石力学
51	Y173	14	10	3	4 123.94	灰黑色细砂	1	6	岩石力学
52	Y173	15	11	3	4 125.49	灰黑色细砂	1	7.6	岩石力学
53	Y222-3	1	1	1	3 530.54	灰色粗砂岩	1	6.4	岩石力学
54	Y222-3	2	1	1	3 531.53	灰色粗砂岩	1	6.1	岩石力学
55	Y222-3	3	2	1	3 532.73	灰色含砾粗砂岩	1	7.2	岩石力学
56	Y222-3	4	4	1	3 535.98	灰色粗砂岩	1	6.3	岩石力学
57	Y222-3	5	5	2	3 621.93	灰色粗砂岩	1	4.5	岩石力学
58	Y222-3	6	6	2	3 623.88	花岗岩	1	6.4	岩石力学
59	Y222-3	7	7	2	3 624.9	灰色含砾粗砂岩	1	5.3	岩石力学
60	Y222-3	9	8	2	3 627.39	灰色细砂岩	1	6.8	岩石力学
61	Y222-3	8	8	2	3 627.91	灰色细砂岩	1	6.9	岩石力学
62	Y22-22	6	62	17	1 690.44	灰色含砾粗砂岩	1	5.5	岩石力学
63	Y22-22	1	1	1	3 343.45	灰色细砂岩	1	5.8	岩石力学
64	Y22-22	2	2	1	3 345.94	灰色含砾细砂岩	1	4	岩石力学
65	Y22-22	3	3	1	3 346.52	灰色含砾细砂岩	1	6.6	岩石力学
66	Y22-22	4	61	17	3 689.65	灰色粗砂岩	1	4.6	岩石力学
67	Y22-22	5	61	17	3 689.88	灰色含砾粗砂岩	1	6.8	岩石力学
68	Y222	1	5	3	3 904.1	灰褐色含砾粗砂岩	1	4.5	岩石力学
69	Y222	2	5	3	3 905.15	灰褐色含砾粗砂岩	1	6.8	岩石力学
70	Y222	3	6	3	3 906.15	灰色细砂岩	1	6.6	岩石力学

Y173.15块

图 2-1-1　Y173 井采样照片

图 2-1-2　Y935 井采样照片

图 2-1-3　Y22-22 井采样照片

2. 实验设备与测量方法

实验设备采用的是 AutoLab 1500 多功能声波测试系统。该设备压力选择范围：0～140 MPa；温度选择范围：室温至 120 ℃；适用岩心规格：直径 1.0 in；长度（直径）：1.7～2.5 cm。

静态弹性参数是通过对岩心进行静态加载，测量其形变得到的弹性参数。目前测量应变的方法大致可以分为 3 类，分别是机械方法、光学方法以及电学方法，常用光学和电学方法。对于应力测量，目前大部分实验设备配有机械测力装置，常用的还有电测方法。

本实验测量静态弹性参数的仪器是三轴高压釜装置，它可以同时测量动、静态的弹性参数。岩样静态弹性参数测量项目见表 2-1-2，关键是测量相应的应力和应变。应力应变采用应变片法测量，该方法将应变片贴在岩心上（两个轴向和一个径向应变片）来测量岩心的应力应变参数，进而得到静态弹性参数。

表 2-1-2　岩样弹性参数测试项目

测试项目	测量参数
体积模量	体积模量 K
剪切模量	剪切模量 μ
单轴向应力	杨氏模量 E，泊松比 γ
单轴向应变	单轴应变模量（纵波模量）$P(\text{GPa})(\lambda+2\mu)$

（1）体积模量

不加载轴压，加载围压，通过改变围压测量岩心体积随围压的变化，进而得到测量体积模量 K。测量示意图及结果见图 2-1-4。

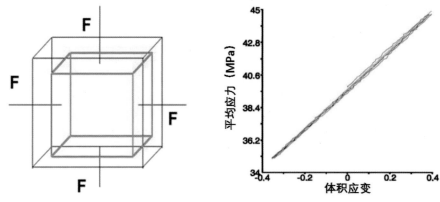

图 2-1-4　体积模量

（2）剪切模量

加载围压和轴压，通过加载轴压来调节围压实现测量，测量剪切模量 μ。测量示意图及结果见图 2-1-5。

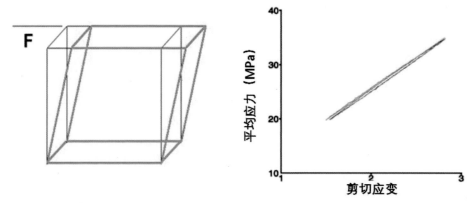

图 2-1-5　剪切模量测量

（3）单轴向应力

加载围压和轴压，保持围压不变，通过改变轴压实现测量，测量杨氏模量 E 和泊松比 γ。测量示意图及结果如图 2-1-6 所示。

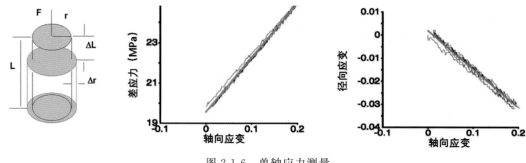

图 2-1-6　单轴应力测量

（4）单轴向应变

加载围压和轴压，保持径向位移不变，通过围压和轴压调节实现测量单轴应变 P。测量示意图及结果如图 2-1-7 所示。

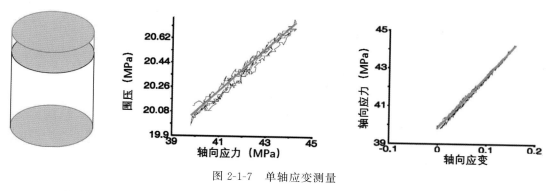

图 2-1-7 单轴应变测量

（5）声波测量

测量时，纵、横波探头集于一体，同时测得纵波 V_p、两个交叉方向（夹角 90°）的横波 V_{s1}、V_{s2}；如果岩心层理明显，则能同时采集快、慢横波。

3. 样品实验测量结果

实验需要将岩心加工成标准柱塞岩样。为了提高岩石样品的测试精度，对所采集的全部岩样进行了室内精细处理，高精度抛磨加工，再分别进行岩样的纵、横波速度、密度及岩石力学参数测量。

（1）常规及声波测量

声波测量条件：岩样蒸馏水饱和，声波速度在地层压力下采集（表 2-1-3、表 2-1-4）。

表 2-1-3 Y176 地区常规及声波实验测量结果

序号	岩心编号	湿样体积密度 ρ_b (g/cm³)	Φ (%)	V_p (m/s)	V_{s1} (m/s)	V_{s2} (m/s)	覆压(MPa)	备注
1	Y189-1	2.56	6.58	4 766	2 573	2 621	42	
2	Y189-2	2.60	6.30	4 504	2 206	2 299	42	包铜箔
3	Y189-3	2.63	3.73	4 995	2 466	2 407	42	
4	Y189-4	2.65	3.55	5 374	2 705	2 840	42	
5	Y173-1	2.39	5.56	4 419	2 405	2 377	41	
6	Y173-2	2.38	6.06	4 272	2 452	2 441	41	
7	Y173-3	2.40	4.23	4 565	2 500	2 417	41	
8	Y173-4	2.52	2.01	5 052	2 832	2 989	41	
9	Y173-5	2.56	8.69	4 497	2 443	2 361	41	
10	Y173-6	2.61	8.40	4 624	2 313	2 229	41	包铜箔
11	Y173-7	2.58	12.16	4 176	2 516	2 360	41	
12	Y173-8	2.56	9.25	4 263	2 026	2 104	41	
13	Y173-9	2.57	5.32	4 858	2 804	2 877	41	
14	Y173-10	2.42	4.31	4 624	2 663	2 651	41	
15	Y173-11	2.50	6.61	4 567	2 634	2 581	41	

序号	岩心编号	湿样体积密度 ρ_b (g/cm³)	Φ (%)	V_p (m/s)	V_{s1} (m/s)	V_{s2} (m/s)	覆压（MPa）	备注
16	Y173-12	2.42	5.72	4 522	2 563	2 648	41	
17	Y173-13	2.45	6.21	4 544	2 587	2 631	41	
18	Y173-14	2.42	2.95	4 722	2 766	2 658	41	
19	Y173-15	2.57	3.73	5 164	2 889	2 869	41	
20	Y176-1	2.67	2.20	5 633	2 683	2 779	37	
21	Y176-2	2.65	9.40	4 341	1 957	2 073	37	
22	Y176-3	2.50	6.02	4 514	2 471	2 537	37	
23	Y176-5	2.44	7.38	3 947	2 067	2 251	38	岩性不同
24	Y176-6	2.57	6.32	4 037	2 010	2 032	38	包铜箔
25	Y290-1	2.76	4.04	5 079	2 707	2 864	39	
26	Y290-2	2.57	3.26	5 175	2 768	2 671	39	
27	Y290-3	2.60	4.81	4 995	2 811	2 648	39	
28	Y290-4	2.65	6.36	4·851	2 571	2 467	39	有裂缝

表 2-1-4　YY 地区常规及声波实验测量结果

序号	岩心编号	湿样体积密度 ρ_b (g/cm³)	Φ (%)	V_p (m/s)	V_{s1} (m/s)	V_{s2} (m/s)	覆压（MPa）	备注
1	Y935-1	2.51	9.25	4 050	2 366	2 347	50.45	
2	Y935-2	2.67	1.27	5 356	2 966	2 989	50.50	
3	Y935-3	2.55	7.76	4 082	2 247	2 243	50.55	
4	Y935-4	2.54	6.82	4 126	2 314	2 337	50.59	
5	Y935-5	2.59	4.80	4 761	2 652	2 678	50.60	
6	Y935-6	2.56	5.65	4 596	2 465	2 520	50.62	
7	Y935-7	2.61	3.21	5 171	2 805	2 861	50.66	岩心断
8	Y935-8	2.61	2.93	4 408	2 507	2 498	50.71	
9	Y935-9	2.58	4.98	4 199	2 390	2 416	50.74	
10	Y935-10	2.61	1.64	4 459	2 521	2 589	50.78	
11	Y935-11	2.56	4.25	5 738	3 355	3 249	50.83	有裂缝
12	Y935-12	2.65	4.90	4 609	2 615	2 605	50.86	
13	Y935-13	2.57	6.46	4 347	2 451	2 504	50.89	
14	Y222-3-1	2.61	1.63	5 573	3 109	3 137	45.89	
15	Y222-3-2	2.56	4.62	5 167	2 837	2 879	45.90	
16	Y222-3-3	2.62	0.99	5 651	3 075	3 120	45.92	
17	Y222-3-4	2.62	1.79	5 600	2 993	2 991	45.97	

续表

序号	岩心编号	湿样体积密度 ρ_b (g/cm³)	Φ (%)	V_p (m/s)	V_{s1} (m/s)	V_{s2} (m/s)	覆压(MPa)	备注
18	Y222-3-5	2.65	3.91	5 001	2 702	2 642	47.08	
19	Y222-3-6	2.69	0.60	5 688	2 968	2 980	47.11	
20	Y222-3-7	2.62	1.55	5 873	3 241	3 198	47.14	
21	Y222-3-8	2.62	1.18	5 761	3 087	3 082	47.16	
22	Y222-3-9	2.61	2.80	4 863	2 651	2 593	47.16	

（2）力学参数测量

测量条件：均在围压 10 MPa，轴压 5 MPa 条件下进行（表 2-1-5、表 2-1-6）。

表 2-1-5　Y176 地区力学参数测量结果

序号	岩心编号	体积模量 K(GPa)	剪切模量 μ(GPa)	杨氏模量 E(GPa)	泊松比 γ	单轴应变模量（纵波模量）P(GPa)$(\lambda+2\mu)$	备注
1	Y189-1	20.15	11.15	29.87	0.252 6	34.07	
2	Y189-2	26.12	8.713	26.39	0.397	41.72	包铜箔
3	Y189-3	29.66	11.29	30.34	0.305 1	43.32	
4	Y189-4	27.07	15.84	44.84	0.255 7	55.64	
5	Y173-1	21.1	9.884	28.45	0.324	47.94	
6	Y173-2	32.73	9.929	23.15	0.214 9	37.66	
7	Y173-3	14.95	10.92	30.81	0.325 3	46.45	
8	Y173-4	13.75	12.94	41.02	0.365 7	49.96	
9	Y173-5	22.33	7.853	24.98	0.417	41.72	
10	Y173-6	129.5	15.95	29.42	—	29.63	包铜箔
11	Y173-7	19.04	6.402	19.49	0.350 3	26.59	岩心碎
12	Y173-8	21.26	6.022	16.9	0.326 3	30.04	
13	Y173-9	9.195	10.74	33.71	0.153	35.97	
14	Y173-10	8.105	12.01	42.77	0.243 3	53.8	
15	Y173-11	21.78	11.76	36.61	0.315 6	49.53	
16	Y173-12	20.96	11.55	27.75	0.155	37.44	
17	Y173-13	6.624	14.62	44.04	0.106 2	44.4	
18	Y173-14	17.52	15.9	60.23	0.295	79.98	
19	Y173-15	11.7	18.2	56.02	0.23	56.93	
20	Y176-1	48.58	20.28	65.53	0.376 2	74.96	
21	Y176-2						岩心短，无法测量
22	Y176-3	32.05	9.501	27.43	0.338 2	45.52	

序号	岩心编号	体积模量 K(GPa)	剪切模量 μ(GPa)	杨氏模量 E(GPa)	泊松比 γ	单轴应变模量 （纵波模量） P(GPa)($\lambda+2\mu$)	备注
23	Y176-5	62.51	—	—	—	—	加轴压时裂
24	Y176-6	19.86	—	—	—	—	包铜箔，加轴压时裂
25	Y290-1	41.67	13.43	34.15	0.171 3	52.4	
26	Y290-2	10.74	17.91	43.83	0.081	46.51	
27	Y290-3	17.76	14.07	36.76	0.227 8	42.09	
28	Y290-4	—	—	—	—	—	只测声波

* "—"为未测量。

表 2-1-6　YY 地区力学参数测量结果

序号	岩心编号	体积模量 K(GPa)	剪切模量 μ(GPa)	杨氏模量 E(GPa)	泊松比 γ	单轴应变模量 （纵波模量） P(GPa)($\lambda+2\mu$)	备注
1	Y935-1	31.67					岩心碎
2	Y935-2	43.87	11.24	29.3	0.386 1	45.88	岩心碎
3	Y935-3	21.38	14.35	36.15	0.166 0	39.19	岩心碎
4	Y935-4	21.71	5.64	11.6	0.640 5	44.49	
5	Y935-5						岩心碎
6	Y935-6	20.20					岩心碎
7	Y935-7	24.96	20.80	48.44	0.187 2	51.97	包铜箔
8	Y935-8	31.13	36.35	70.11	0.070 6	71.32	包铜箔
9	Y935-9	13.13	19.54	47.16	0.214 1	48.29	包铜箔
10	Y935-10	17.91	13.88	41.6	0.236 5	45.14	包铜箔
11	Y935-11	36.40	24.39	60.19	0.202 0	67.53	包铜箔
12	Y935-12	22.72					岩心碎
13	Y935-13	24.25					岩心碎
14	Y222-3-1	31.85	17.31	41.26	0.273 3	50.38	
15	Y222-3-2	23.94	30.22	86.65	0.253 2	89.78	包铜箔
16	Y222-3-3	36.95	24.47	60.97	0.534 1	77.79	
17	Y222-3-4	30.19	22.90	47.45	0.067 3	48.18	
18	Y222-3-5	20.37	15.38	38.21	0.251 7	42.53	包铜箔
19	Y222-3-6	35.26	21.01	49.71	0.266 2	42.53	
20	Y222-3-7	28.56	25.12	64.52	0.220 7	70.81	包铜箔
21	Y222-3-8	26.18	22.57	62.12	0.174 6	66.26	
22	Y222-3-9	22.78	11.03	29.83	0.298 1	35.92	

（3）岩石强度参数与内摩擦角

由于大部分岩心存在微裂隙，稍微加压就破碎，因此获得的实验数据较少，且规律性偏差。表 2-1-7 是孔隙度为 5% 左右的部分岩心实验结果，现有实验数据表明 Y176 区块岩石强度较 YY 区块偏大。

表 2-1-7 岩心强度试验数据

井名	岩心编号	围压（MPa）	破裂压力（MPa）	破裂角 α（度，主应力与破裂面的夹角）	内摩擦角 φ（度，估值）	莫尔圆选用
Y173	Y173-1	0.7	51.35	30	30	√
Y173	Y173-9	1	109.21	25	40	
Y173	Y173-12	1.3	81.25	20	50	
Y935	Y935-4	4	29.27	30	30	
Y935	Y935-9	4	62.8	30	30	√
Y935	Y935-11	2	42.98	40	10	
Y222	Y222-3-2	3	68	30	30	√
Y222	Y222-3-5	1	59.8	35	20	√

由于岩样破裂压力随围压的变化规律稍差，可选择规律性较好的实验样本，做莫尔圆包络线，如图 2-1-8 所示。绘制公切线，由公切线斜率可得内摩擦角 $\varphi = 42°$，由截距可得内聚力 $C_0 = 11.263$ MPa。采用破裂角和内摩擦角的换算关系 $\varphi = \dfrac{\pi}{2} - 2\alpha$ 估算并取统计中值，得到 Y176 区块中值为 40°、YY 区块中值为 30°。综合分析认为本工区内摩擦角主要分布范围在 30°～42° 之间。

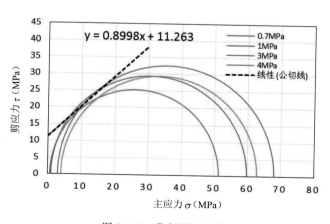

图 2-1-8 莫尔圆包络线

二、动静弹性参数转换模型建立

1. 动态弹性参数

动态弹性参数是指通过测定超声波（纵波、横波）在岩样中的传播速度转换得到的弹性参数。在各向均质同性的线弹性体条件下，利用牛顿定律及弹性介质理论可推导出动

态弹性参数的公式,如:

$$\begin{cases} E_d = \dfrac{\rho V_s{}^2 (3V_p{}^2 - 4V_s{}^2)}{V_p{}^2 - V_s{}^2} \\ \gamma_d = \dfrac{0.5 V_p{}^2 - V_s{}^2}{V_p{}^2 - V_s{}^2} \end{cases} \tag{2-1-1}$$

当用声波时差来代替声波速度时,式 2-1-1 也可以表示为:

$$\begin{cases} E_d = \dfrac{\rho(3\Delta t_s{}^2 - 4\Delta t_p{}^2)}{\Delta t_s{}^2 (\Delta t_s{}^2 - \Delta t_p{}^2)} \\ \gamma_d = \dfrac{0.5\Delta t_s{}^2 - \Delta t_p{}^2}{(\Delta t_s{}^2 - \Delta t_p{}^2)} \end{cases} \tag{2-1-2}$$

式中:V_p、V_s——分别为纵波、横波速度,单位都为 m/s;

Δt_p、Δt_s——分别为纵波、横波时差,单位都为 s/km;

ρ_b——地层密度,单位为 g/cm³;

E_d——动态杨氏模量,单位为 Gpa;

γ_d——动态泊松比,无量纲。

由于弹性模量只有两个独立变量,因此只要知道测井纵、横波时差和密度就可以利用式 2-1-2 计算岩石动态弹性参数。

2. 动静态弹性参数转换模型

利用测井资料计算的岩石弹性参数属于动态弹性参数,而实际地层条件下岩石的形变条件与实验静态加载测试相近,因此工程中常采用岩石的静态弹性参数。

静态弹性参数和动态弹性参数之间存在差异。这种差异最早由 Zisman(1993)提出,且一般情况下动态弹性参数比静态弹性参数要大。

由于岩石弹性参数的静态测试需要岩心,因此取心和实验室测量受到人力、物力和财力的限制,且实验测量得到的弹性参数值随深度变化是不连续的。而利用测井资料可方便求取动态弹性参数,得到连续的值。因此,得出动静态弹性参数之间的关系,进一步满足工程应用,意义重大。

由于岩石种类繁多,内部存在很多不同的孔隙、裂纹等微观结构,并不是线弹性体,因此动态和静态参数之间的统一关系式不存在。对于动静态弹性参数之间的关系,近几十年来,国内外学者在大量的实验研究基础上得出了许多经验关系式。一般认为动静态泊松比几乎为 1 比 1 的关系,即 $\gamma_s = \gamma_d$;动静态弹性参数关系式,有如下形式:

$$\begin{cases} E_s = a + bE_d \\ \gamma_s = c + d\gamma_d \end{cases} \tag{2-1-3}$$

式中:a、b、c、d 都是方程的回归系数,为常数。

3. 动静弹性参数转换模型建立

(1) 刻度转换模型

综合前人研究认识,对研究区域实验资料进行深度归位后,利用归位后的静态弹性模量实验数据与对应深度的测井动态弹性参数作线性回归分析。最终得到表 2-1-8、图 2-1-9、图 2-1-10 所示转换关系式。

表 2-1-8　动、静态弹性模量转换模型

区块	模量	刻度公式	相关系数 R^2
Y176	杨氏模量(Gpa)	$E_{静}=0.560\,092\times E_{动}+10.288\,8$	0.579 12
Y176	剪切模量(Gpa)	$\mu_{静}=0.507\,851\times\mu_{动}+2.766\,19$	0.619 88
Y176	泊松比(Gpa)	$\gamma_{静}=0.929\,798\times\gamma_{动}+0.016\,896$	0.648 84
YY	杨氏模量(Gpa)	$E_{静}=0.628\,6\times E_{动}+16.366$	0.3
YY	剪切模量(Gpa)	$\mu_{静}=0.575\,6\times\mu_{动}+7.536\,6$	0.48
YY	泊松比(Gpa)	$\gamma_{静}=0.877\,9\times\gamma_{动}+0.000\,4$	0.3

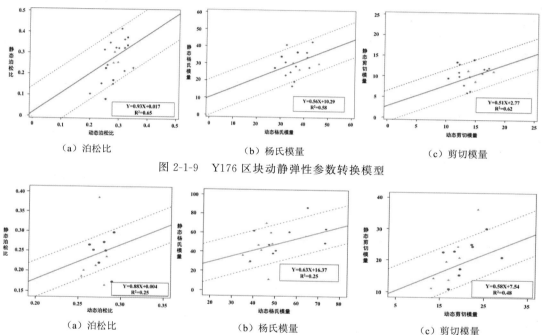

（a）泊松比　　　　　（b）杨氏模量　　　　　（c）剪切模量

图 2-1-9　Y176 区块动静弹性参数转换模型

（a）泊松比　　　　　（b）杨氏模量　　　　　（c）剪切模量

图 2-1-10　YY 区块动静弹性参数转换模型

（2）不同地区模型差异对比

从模型比较来看（图 2-1-11），两区块杨氏模量刻度模型差别较大，YY 区块转换系数偏大，相关系数较低；动静态泊松比刻度模型差异较小。从实验数据样本点对比来看，Y176 区块实验样本较多，因此拟合出来的函数关系更为符合实际情况、刻度模型更为可靠。综合分析认为，在进行杨氏模量动静转换时，YY 区块转换模型需参考 Y176 转换模型做适当修正；而泊松比动静转换模型差异不大，可分别采用或选用样本点多的 Y176 区块模型。

（3）模型精度检验

为检验模型的精度，利用建立的刻度模型对测井动态弹性参数进行了刻度，并与实验室测量静态数据进行对比检验。

图 2-1-12 为动静刻度转换直方图对比，图中测井计算值为由测井数据计算出的动态模量，刻度值为利用动静转换关系转换后的静态模量，实验室值为由实验室测的实验数据。图中可以看出，动态杨氏模量和剪切模量分布范围大于实验室测量的静态范围，刻度值

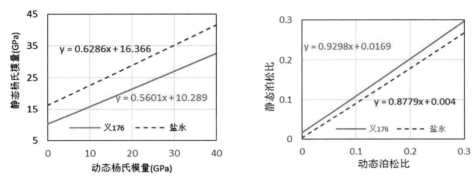

图 2-1-11   弹性模量刻度模型对比(左:杨氏模量,右:泊松比)

与实验室测量值分布峰值范围基本一致,泊松比刻度前后变化不大。图 2-1-13 横坐标为由测井资料计算得出弹性模量通过动静转换后的计算静态值,纵坐标为实验室测量的静态值,由样本点分布特征可看出基本分布在斜率为 1 的直线附近,说明动静刻度后的数据与实验室测量值基本吻合,刻度模型合理、满足精度要求。

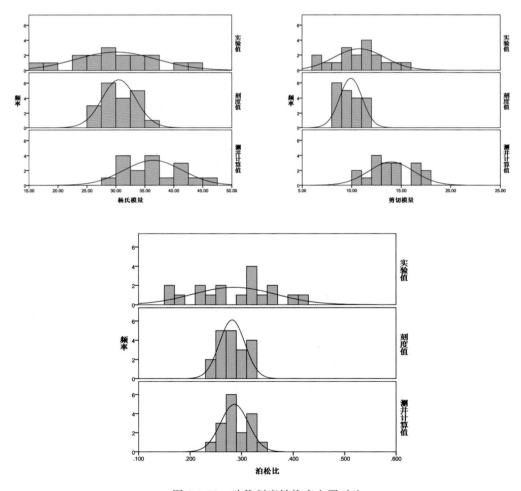

图 2-1-12   动静刻度转换直方图对比

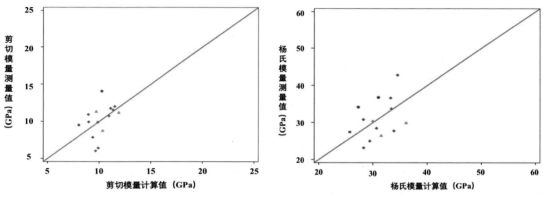

图 2-1-13　Y176 区块测井动静转换后的计算值与实验值交会图

第二节　地应力方向的特殊测井判别

岩石各种弹性参数的计算,以及地层最大、最小主应力的计算和方向确定,井壁坍塌、破裂压力的计算等都需要充分应用常规测井、阵列声波测井和声电成像测井等多元多尺度资料,通过对这些资料的处理和刻度建模,可从定性和定量角度对上述岩石力学性质进行较为全面的评价分析。

一、电成像测井资料

1. 基本原理

目前,国内外商用微电阻率成像测井仪器最具代表性的有斯伦贝谢公司的全井眼微电阻率成像 FMI(或 FMS,MAXIS-500 系列),贝克-阿特拉斯公司的 STAR-II(ECLIPS-5700 系列)和哈里伯顿公司的 EMI(或 XRMI,EXCELL-2000 系列);中石油、中海油等的国产系列仪器也已经商用。

斯伦贝谢的 FMI(Fullbore Formation MicroImager)工作模式有全井眼模式、四极板模式(小井眼)、倾角模式和井径井斜方位模式等四种。最常用的是全井眼测量模式,4 个推靠臂的每个推靠臂上有一个主极板和一个副极板(图 2-2-1),主极板和副极板在垂直方向上下相互错开。每个极板上的电极阵列包括两排共 24 个纽扣电极,在全井眼模式下 192 个纽扣电极同时工作提供测量信号,纵向分辨率 0.2 英寸,横向探测深度 2 英寸,在 8.5 英寸井眼中周向覆盖率接近 80%,是目前井周成像效果最好的电成像仪器。

阿特拉斯的 STAR-II(Simultaneous Acoustic and Resistivity Imaging Log)成像测井仪由 6 个臂组成,每个臂安装一个极板,每个极板有两排共 24 个纽扣电极,共测量 144 个信号。纵向分辨率为 0.2 英寸,横

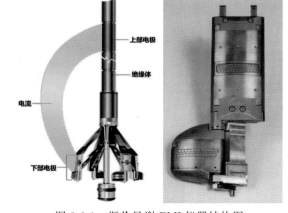

图 2-2-1　斯伦贝谢 FMI 仪器结构图

向探测深度约 2 英寸,对于 8.5 英寸井眼的井周覆盖率近 60%(图 2-2-2)。

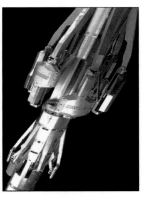

图 2-2-2　阿特拉斯的 STAR-Ⅱ仪器结构图

哈里伯顿的 EMI(Electrical Micro Imaging Tool)电成像仪器包括 6 个极板,各个极板装在一个独立的支撑臂上,每个极板安装有上、下两排共 25 个纽扣电极,在全井眼测量模式下有 150 个电极同时工作。纵向分辨率为 0.2 英寸,横向探测深度约 2 英寸,8.5 英寸井眼的井周覆盖率近 60%,其改进后的增强型仪器称为 XRMI。

　2. 资料处理

电成像仪器现场采集得到的是地层的阵列电极信号,需要经过一系列校正和处理后才能形成井壁地层图像,然后利用这些图像进行各种解释应用。

研究区测量的电成像资料基本是斯伦贝谢的 FMI,本次选用了该公司的 Techlog 软件平台进行电成像资料处理,其基本处理流程见图 2-2-3。

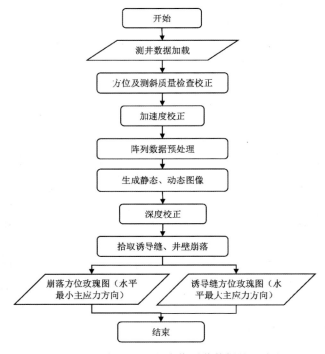

图 2-2-3　电成像测井数据处理流程

主要处理步骤有以下 5 点：

① 方位及测斜质量检查校正：主要基于井位信息获取对应经纬度和测井日期的地磁场、重力场信息等，根据测量记录的三分量加速度及 X、Y 轴磁分量信息，检查方位测量信息息质量并进行相应的误差校正，以保证后期形成的图像方位信息正确，检查使用的交会图如图 2-2-4 所示。

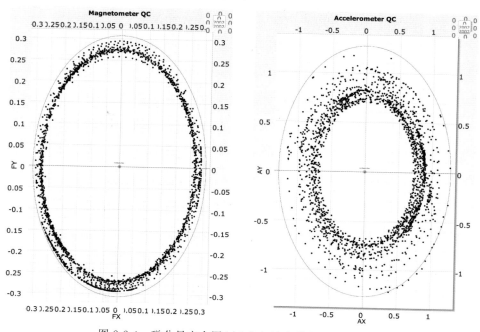

图 2-2-4　磁分量交会图(左)和加速度分量交会图(右)

② 加速度校正：校正测井仪器在井下运动过程中地面采集系统与井下实际情况不符的问题，这是由于测量深度不够、仪器遇卡和不规则的仪器运动等引起的。

③ 阵列数据预处理：将采集的原始电极信号生成 Techlog 阵列数据，校正各极板的纽扣电极深度差，消除极板与极板、纽扣电极的偏差，对纽扣电极信号进行均衡化处理，消除失效电极影响，进行测量电压 EMEX 增益校正等。完成本步骤后基本能消除各种非地质因素对测井数据的影响，以保证图像能更好地反映地层信息。

④ 生成静态、动态电阻率成像测井图：静态图像采用全井段统一配色，以保证每种颜色在整个测量井段反映的电阻率一致，更有利于岩性解释；动态图像则是为了解决有限的颜色刻度与全井段大范围电阻率变化之间的矛盾，采用每隔固定深度段(0.5 米)配一次色的方式，可以更好地体现成像资料的高分辨率，更清晰地反映裂缝、层理、岩石颗粒等，如图 2-2-5 所示。

⑤ 深度校正：将电阻率成像测井深度校正到常规测井深度上，主要是为了消除深度测量误差，使电阻率成像数据更加准确，避免与常规测井解释产生矛盾。

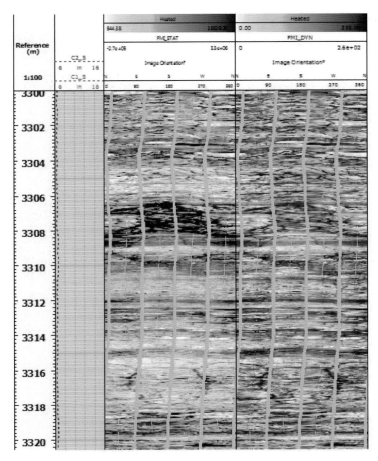

图 2-2-5　生成静态和动态图像

3.判定水平应力方向典型实例

如果地层存在应力不平衡现象,会导致井壁上出现诱导裂缝或井壁岩石崩落等现象,而这些现象会在电成像图上直观反映出来。通过识别这些特征,即可推断地层水平最大、最小主应力方向,一般诱导缝方位代表水平最大主应力方向,而井壁崩落方位与最小水平主应力方向平行。

① 拾取诱导缝及井壁崩落现象:诱导缝在电成像图中以方位上间隔180°的羽状或雁状对称分布,井壁崩落则显示为间隔180°对称不规则排列的垂直长条暗带或暗块(图 2-2-6)。通过交互工具拾取后,记录并统计诱导缝及崩落的深度、方位信息。

② 生成方位统计玫瑰图:根据拾取的诱导缝及井壁崩落方向,绘制二者的方位统计玫瑰图,以玫瑰图体现的优势方向指示地层中水平最大和最小主应力方向。

图 2-2-7 和图 2-2-8 分别是 Y930 和 Y935 井全井段钻井诱导缝和井壁崩落现象拾取结果(成像图中分别用蓝线和红线标识),以及利用所拾取方位信息绘制的玫瑰图。可以看出,这两口井诱导缝和井壁崩落都比较发育,其方位呈现较好的正交形式,反映地层的水平最大主应力方向为 120°~300°(南东东-北西西),水平最小主应力方向为 30°~210°(北北东-南南西)。

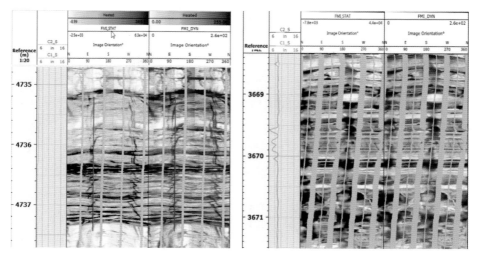

图 2-2-6 典型诱导缝(左图 BG4)和井壁崩落现象(右图 Y930)

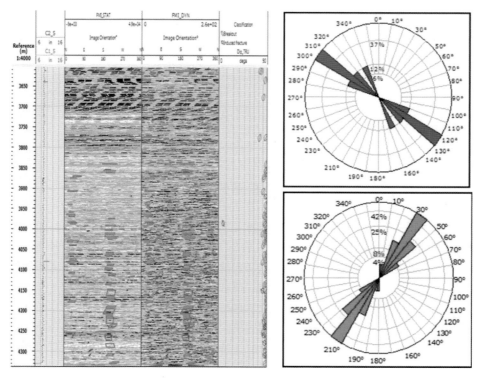

图 2-2-7 Y935 井全井段诱导缝、井壁崩落拾取及地应力方向判断
(左为全井段诱导缝及井壁崩落拾取结果,右上为诱导缝方位——水平最大主应力方向,
右下为井壁崩落方位——水平最小主应力方向)

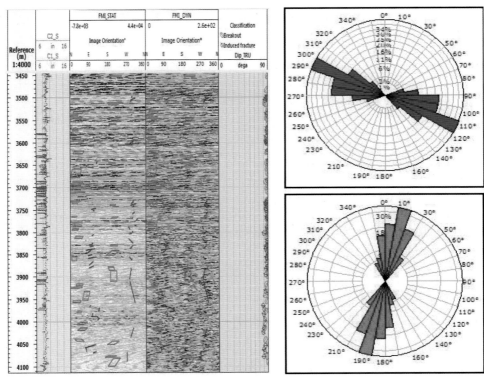

图 2-2-8   Y930 全井段诱导缝、崩落拾取及地应力方向判断

(左为全井段诱导缝、井壁崩落现象拾取，右上为诱导缝方位——水平最大主应力方向，

右下为井壁崩落方位——水平最小主应力方向)

二、阵列多极子声波测井资料

1. 基本原理

目前，国内外很多公司都有商用的阵列声波测井仪器，其中最具代表性的是斯伦贝谢公司的偶极横波测井 DSI(MAXIS-500 系列)，贝克-阿特拉斯公司的交叉多极子阵列声波测井 XMAC-II(或 XMAC，ECLIPS-5700 系列)和哈里伯顿公司的交叉偶极声波测井 WaveSonic(EXCELL-2000 系列)。本地区测量使用的仪器主要是 XMAC-II。

阿特拉斯的 XMAC 或 XMAC-II 是目前国内使用比较广泛的测井仪器。该仪器有 4 个发射器(图 2-2-9)，即两个单极发射器 T1、T2 和两个偶极发射器 T3、T4，T3 和 T4 正交；接收器阵列包括 8 组，间距 6 英寸，每组有四个正交的接收器。XMAC-II 采用单极、偶极和交叉偶极等工作模式。

① 单极模式(常规时差测井)：T2 发射，R1～R4 接收；

② 单极全波模式：T1 发射，R1～R8 接收；

③ 偶极全波模式：T3 发射，R1～R8 接收；

④ 正交偶极模式：

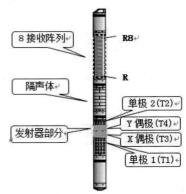

图 2-2-9   阿特拉斯公司 XMAC

仪器外部结构示意图

T3(X 方向)发射,R1～R6(X 方向)接收;

T4(Y 方向)发射,R3～R8(Y 方向)接收;

T3(X 方向)发射,R1～R6(Y 方向)接收;

T4(Y 方向)发射,R3～R8(X 方向)接收。

2. 资料处理

研究区中绝大多数井中测量的是 XMAC(或 XMAC-II)资料,处理平台选用斯伦贝谢公司的 Techlog。在阵列数据加载及预处理后,通过时间慢度相关性分析(STC)技术提取得到了纵、横波时差。阵列声波测井数据处理流程如图 2-2-10 所示。

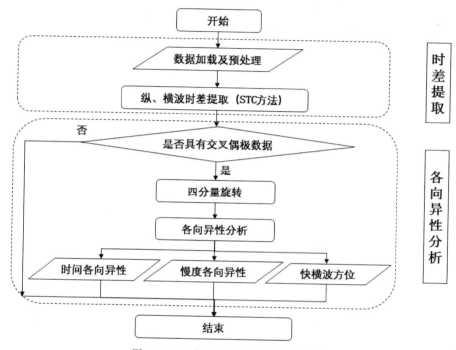

图 2-2-10　阵列声波数据处理流程图

(1) 数据加载与预处理

首先使用预处理模块,对波形进行滤波,以便消除所有直流偏移和信号频带以外的噪声。另外,为了得到真实的地层横波,在处理中还要对因挠曲波频散引起的偏差进行校正。

(2) 时差提取及 STC 相关分析

利用预处理后的原始阵列波形数据,采用慢度—时间相关 STC(Slowness-Time Coherence)技术(图 2-2-11),识别出地层的纵波、横波及斯通利波,计算得到纵波时差和横波时差曲线(图 2-2-12),并给出提取结果的可信度分析。图 2-2-12 中最右道显示的绿色表示提取效果好、可信度高;如果提取有问题则显示红色。

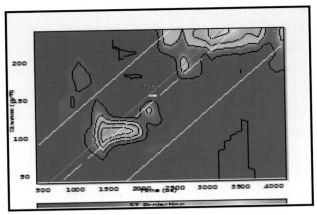

图 2-2-11　慢度时间相关分析图（STC 分析图）

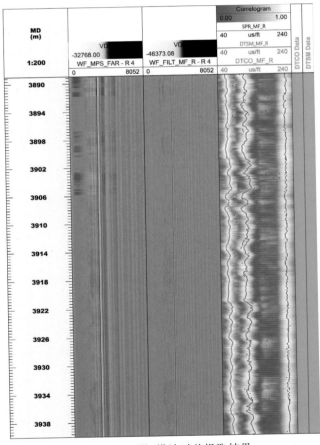

图 2-2-12　纵、横波时差提取结果

（3）交叉偶极阵列声波资料各向异性处理

基于交叉偶极阵列声波资料的各向异性处理主要是对横波进行四分量旋转处理，据此观察横波分裂现象，处理后可以得到快、慢横波波形和时差，并得到快横波方位角。快横波方位角指示地层中最大水平主应力方向，利用快、慢横波信息可以进行井周地层各向异性分析。

（4）交叉偶极数据四分量旋转处理

横波在传播过程中，若地层中存在构造应力或其他地质因素导致的裂缝等现象，则横波在其传播过程中会产生分裂现象，即分裂为快、慢横波，从而显示各向异性。

利用 Techlog 的四分量旋转模块（Four-component rotation）对数据进行处理，生成快、慢横波波形和快横波方位角、最大及最小能量曲线等，再利用 STC 处理的方法进行快、慢横波时差提取。

在自动识别快、慢横波方位时可能会出现方位反转的问题，此时需要依据处理井段全部深度的总体方位，把个别发生反转的层段通过人工干预交互调整过来，图 2-2-13 是 Y935 井的井段交互调整的例子。

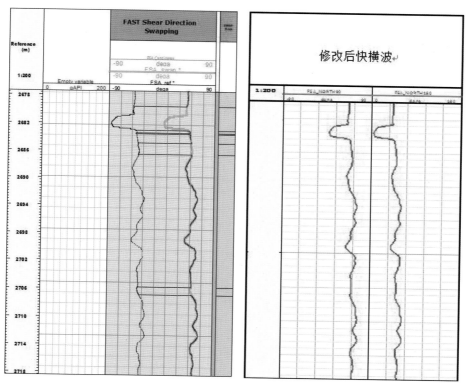

图 2-2-13 快横波方位修正处理结果（Y935 井）

（5）地层各向异性分析

通过 Techlog 的各向异性处理模块（Anisotropy post-processing），利用处理得到的快、慢横波慢度（时差）计算各向异性系数大小。处理结果包括最终的快横波方位角（FSA_FINAL，反映水平最大主应力方向）、基于慢度计算的各向异性大小（SLOANI）和基于时间计算的各向异性大小（TIMANI）。各向异性大小的计算公式为：

慢度各向异性 SLOANI（单位％）计算公式：

$$SLOANI=(DTSM\_Slow-DTSM\_Fast)/((DTSM\_Slow+DTSM\_Fast)/2)\times100$$

$$(2-2-1)$$

式中，DTSM_Slow 和 DTSM_Fast——慢横波和快横波时差（慢度）值。

时间各向异性 TIMANI（单位％）计算公式：

$$TIMANI=TDIF/TTFast\times100 \qquad (2-2-2)$$

式中,TDIF——四分量旋转时获取的快、慢横波到达时间之差

　　TTFast——快横波的到达时间。

　　如图 2-2-14 所示实例为 Y935 井各向异性处理成果图,本井段 SLOANI 和 TIMANI 数值均很低,快、慢横波时差 DTSM_Fast 和 DTSM_Slow 也非常接近,总体显示各向异性程度很弱;快横波方位 FSA_FINAL 约 310°,即水平最大主应力方向为近北西-南东向。

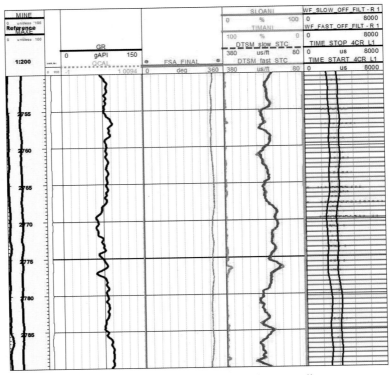

图 2-2-14　各向异性分析成果图实例(Y935 井)

3. 判定水平应力方向典型实例

　　对于具备交叉偶极测量数据的阵列声波资料,在提取得到纵、横波时差(慢度)后,可以进一步分析各向异性,获取各向异性大小及地应力方向信息。

　　根据声波的传播特性,如果地层存在应力不平衡或裂缝等引起的各向异性,将会导致横波传播过程中出现分裂现象,形成质点平行于裂缝走向振动、沿井轴方向向上传播的速度较快的快横波,以及质点垂直于裂缝走向振动、沿井轴向上传播的速度较小的慢横波,二者正交。因此,可以利用交叉偶极模式采集的阵列声波资料,经过处理后由快、慢横波判断水平最大、最小主应力方向:快横波方位对应于水平最大主应力方向,慢横波则对应最小主应力方向。由于各向异性受多方面因素影响,需要结合电成像等资料的处理成果及区域认识等进行综合分析确认。以下为几个典型井段的处理实例分析。

　　(1) L69 井处理成果及其与电成像处理结果的对比

　　L69 井在沙三段(2 893~3 387 米)测量了 XMAC-II 阵列声波资料,包括交叉偶极模式采集的阵列数据,可以进行纵、横波时差提取及地层各向异性分析。同时,该井测量了 FMI 电成像测井资料,可以利用其处理成果对阵列声波处理得到的水平应力方向进行对比检验。

图 2-2-15 是 L69 井 XMAC-II 阵列声波各向异性处理成果图,图中展示了处理得到的快横波方位(最大水平主应力方向)及慢度各向异性、时间各向异性。图 2-2-16 是本井快横波方位的统计玫瑰图,同时给出了利用电成像识别诱导缝确定的最大水平主应力方向玫瑰图,可以看到二者具有较好的一致性,说明处理成果可信,该井(沙三段)的最大水平主应力基本为近东西向。

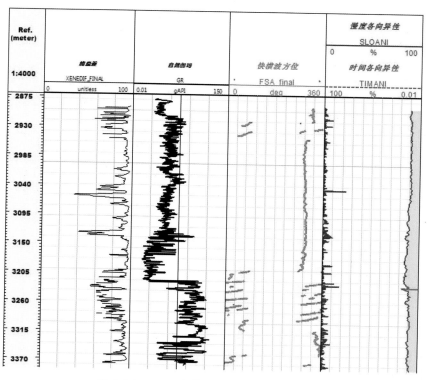

图 2-2-15　L69 全井段各向异性处理成果图

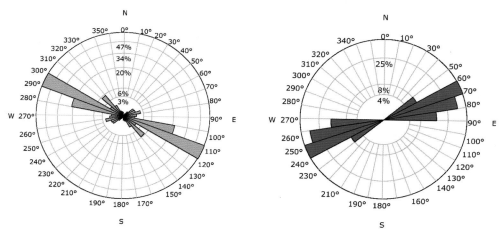

图 2-2-16　L69 井沙三段最大水平主应力方向(左:声波处理,右:电成像处理)

(2)Y935 井处理成果及其与电成像处理结果对比分析影响因素

Y935 井测量的深度段包括沙三和沙四段,阵列声波资料是 XMAC,同时有 FMI 电成像资料。

从原理上讲,阵列声波资料处理得到的快横波方位角可以指示地层中最大水平主应力方向,虽然因受多种因素影响导致实际处理结果存在一定误差,但是总体上与电成像精确识别的结果近似,多数情况下能较好地指示应力方向。图 2-2-17 是该井阵列声波资料全井段各向异性处理成果图,图 2-2-18 给出了基于该处理成果绘制的沙四段的水平最大主应力方向统计玫瑰图,与相同层段电成像资料识别的应力方向基本一致。从各向异性曲线 SLOANI 和 TIMANI 来看,2450～3150 米深度段各向异性相对校强,快横波方位有明确输出结果。

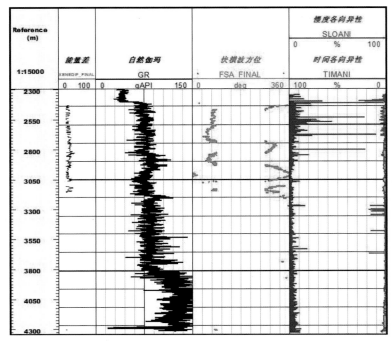

图 2-2-17　Y935 全井段阵列声波各向异性处理成果图

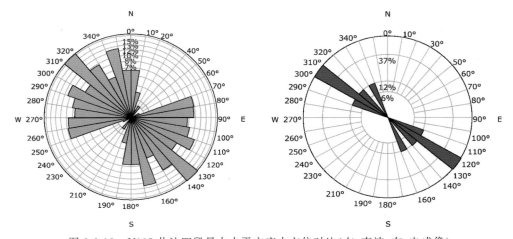

图 2-2-18　Y935 井沙四段最大水平主应力方位对比(左:声波,右:电成像)

阵列声波各向异性分析结果受多种因素影响,如由于地应力产生的井周诱导缝和井壁崩落现象、泥岩地层条带或层理的影响、地层倾角的影响等,都可能导致分析结果中显示各向异性特征,但不一定代表实际地层的各向异性。

图 2-2-19 是 Y935 井某一深度段的处理实例,左图的阵列声波处理结果显示各向异性较明显,右图对应深度段的电成像资料上明显发育井壁诱导缝和地层泥质条带(泥岩层),而泥岩段并未观察到引起各向异性的天然或诱导缝存在。可见阵列声波测井的处理结果有时并不能确切反映地层是否存在各向异性,此时,处理得到的快横波方位也无法反映实际地层的水平最大主应力方向,这种情况下电成像资料处理得到的应力方向更可信。

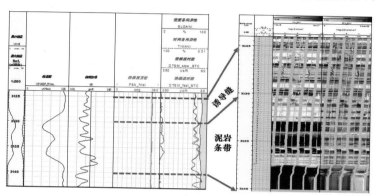

图 2-2-19　泥岩条带对各向异性结果的影响
(左:阵列声波处理结果,右:电成像资料)

第三节　地应力大小的常规测井表征模型

一、基本流程及方法

利用测井纵、横波时差和密度资料,可得到岩石动态弹性模量,以此为基础可进一步得出岩石强度和应力大小,计算流程如图 2-3-1 所示。

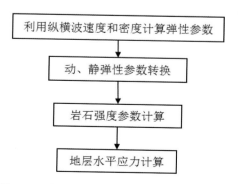

图 2-3-1　用测井资料计算岩石力学参数流程

1. 岩石强度参数计算方法

岩石强度参数在地应力计算及井壁稳定性评价中都有应用。岩石强度参数除了常见的抗压强度、抗拉强度、抗剪强度外,还有内聚力和内摩擦角等。

　　抗压强度是指无围压岩石在纵向压力作用下出现压缩破裂时,单位面积上所承受的载荷。抗拉强度是指岩石在拉力作用下达到破坏时的极限应力值。抗剪强度是指岩石在外力作用下达到破坏时的极限剪应力。这3个强度参数中抗压强度在工程应用中最为普遍,同一地区的岩石其抗拉强度值变化范围也可能很大。

　　(1) 抗压、抗拉强度

　　为从测井资料中求得岩石的强度,前人做了大量的研究工作。目前应用最广泛的是 Coates 和 Denco(1980)在 Deere 和 Miller(1966)实验基础上建立的计算岩石单轴抗压强度的关系式,一般在利用该关系式试算的基础上,利用单轴实验强度进行刻度。

$$S_c = E_d[0.0045 + 0.0035V_{sh}] \tag{2-3-1}$$

　　由格里菲斯准则和莫尔圆应力分析及库仑破裂准则可导出单轴抗拉和抗压强度之间满足:

$$S_t = \frac{S_c}{8} \tag{2-3-2}$$

　　三轴情况根据扩展的格里菲斯准则有:

$$S_t = \frac{S_c}{12} \tag{2-3-3}$$

　　抗拉强度约为岩石抗压强度的 1/12～1/8,考虑到地层实际条件取 1/12。

　　式 2-3-1～2-3-3 中　S_c、S_t、E_d——抗压强度、抗拉强度和动态杨氏模量,GPa;

　　　　　　　　　　V_{sh}——泥质含量,无单位,小数。

　　(2) 内摩擦角与内摩擦系数

　　内摩擦角是指岩石中颗粒间相互移动和胶合作用形成的摩擦特性,为莫尔圆包络线和水平线的夹角。内摩擦系数为内摩擦角的正切值。一般岩石的内摩擦角在 15°～45°,多数在 30°～45°,内摩擦系数在 0.6～1.0 之间。据 Brie 强度公式,内摩擦角 θ 与泊松比之间存在如下关系:

$$\varphi = \frac{\pi}{6}\left(1 - \frac{\gamma_d}{1 - \gamma_d}\right) + \frac{\pi}{12}$$
$$\mu = \tan(\varphi) \tag{2-3-4}$$

　　其中　φ——内摩擦角,单位是弧度;

　　　　r_d——动态泊松比,无量纲;

　　　　μ——内摩擦系数。

　　(3) 内聚力

　　内聚力也称为固有剪切强度。内聚力和单轴抗压强度、内摩擦系数或内摩擦角之间存在以下换算关系:

$$S_c = 2C_0\left[(\mu^2 + 1)^{\frac{1}{2}} + \mu\right] = 2qC_0$$
$$q = \left[(\mu^2 + 1)^{\frac{1}{2}} + \mu\right] = \frac{\cos\varphi}{1 - \sin\varphi} = \tan\beta$$
$$\beta = \frac{\pi}{4} + \frac{\varphi}{2} \tag{2-3-5}$$

　　式中:S_c、C_0——单轴抗压强度、内聚力,GPa;

由于大多数岩石的内摩擦系数在 $0.6 \sim 1.0$，因此可得知 $2q$ 在 $3.5 \sim 4.8$，也就是内聚力是单轴抗压强度的 $1/5 \sim 1/3$，一般取 $1/5$。

每个地区的岩石性质、地层情况不同，为此一般采用实验数据和估算值进行交会分析，得出适合工区的经验系数。根据研究区岩石强度实验参数，在参考已有经验参数基础上，利用泊松比估算内摩擦系数后根据上述公式进行试算确定。

2. 地层条件下的岩石受力参数计算方法

井壁周围地层受力大致可以分为以下几种：地层压力、上覆地层压力、构造应力及泥浆柱压力等。和钻井、压裂工程有关的岩石受力主要是地层孔隙压力、上覆地层压力以及水平主应力。水平主应力包括最大水平主应力和最小水平主应力，最大水平主应力方向和水力压裂缝延伸方向一致，这是压裂造缝提高油气产量的理论依据。

（1）地层孔隙流体压力

地层孔隙流体压力也称为孔隙压力，它是指作用在岩石孔隙内流体（油、气、水）上的压力，分为正常地层孔隙压力、异常高压、异常低压三种类型。在钻井过程中这三种情况都会遇到，但异常高压比异常低压更为常见。对于砂泥岩地层剖面，一般利用等效深度法确定地层孔隙流体压力。

① 利用泥岩层数据建立压实趋势线。连续匀速沉积的泥岩压实系数是常量，在 $\lg\varphi - H$ 交会图上，泥岩资料点应处于一条直线，这条直线称为正常压实趋势线。

Athy 于 1930 年根据阿克拉荷马北部宾夕法尼亚层系以及二叠系泥岩得出正常压实条件下泥岩孔隙度与深度 H 的变化关系为：

$$\varphi = \varphi_0 e^{-CH} \tag{2-3-6}$$

又

$$\varphi_0 = \frac{\Delta t - \Delta t_{ma}}{\Delta t_f - \Delta t_{ma}} \tag{2-3-7}$$

由于 Δt_{ma}、Δt_f 对于同一区域为常数，于是两式联立可以得到

$$\Delta t = \Delta t_0 e^{-CH} \tag{2-3-8}$$

两边取对数后得到：

$$H = -\frac{1}{C}(\ln\Delta t - \ln\Delta t_0) \tag{2-3-9}$$

式中：φ, φ_0——深度为 H 和 0 处的孔隙度；

C——压实系数；

Δt、Δt_0——深度 H 和 0 处的声波时差，$\mu s/m$（或 $\mu s/ft$）；

Δt_f、Δt_{ma}——孔隙流体声波时差和岩石骨架声波时差，$\mu s/m$（或 $\mu s/ft$）。

上式即是正常趋势线方程。绘制深度（H）与时差对数（$\ln\Delta t$）关系曲线，则可以确定 C 值。建立正常压实趋势线步骤如下：

收集研究区的相关资料。

参考自然伽马、自然电位测井资料划分泥岩层段，尤其是厚泥岩层段。

提取与泥岩段相对应的声波时差数据，然后在半对数纸或者计算机上绘制深度与声波时差对数的关系曲线。

图 2-3-2 左为示意图，右为典型井中确定的正常压实趋势线。

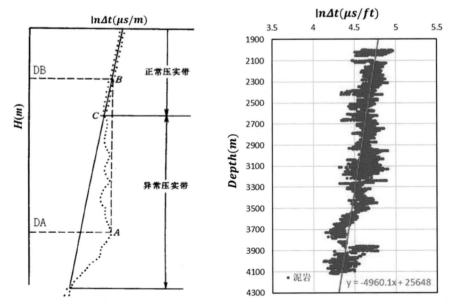

图 2-3-2　正常压实趋势线示意图(左:示意图,右:Y290 井压实趋势线)

② 利用等效深度法计算孔隙流体压力。等效深度法的基本原理是某一深度的上覆地层压力等于该深度流体压力加上岩石压应力,相同孔隙度的两个类似粘土或泥岩层,其骨架承受的压应力必相等,与各自的埋深无关。

如图 2-3-2 所示,异常高压点 A 的等效深度点为正常压力点 B。根据有效应力原理,则有:

$$\begin{cases} \sigma_A = \sigma_B \\ \sigma_A = S_A - P_{PA} \\ \sigma_B = S_B - P_{PB} \end{cases} \tag{2-3-10}$$

导出:
$$P_{PA} = S_A - S_B + P_{PB}$$

式中:S_A、S_B——A、B 点的上覆地层压力;

σ_A、σ_B——A、B 点的骨架应力;

P_{PA}、P_{PB}——A、B 点的孔隙流体压力;

P_{PB}——静水柱压力。

根据上覆地层压力可以通过密度对深度的积分求取,孔隙流体压力计算公式为:

$$P_P = \int_0^{H_A} \rho g \, \mathrm{d}h - \left(\int_0^{H_B} \rho g \, \mathrm{d}h - \rho_w g H_B \right) \tag{2-3-11}$$

式中:B 点——正常压实点;

ρ——地层密度值,$\mathrm{g/cm^3}$;

ρ_w——地层水密度,$\mathrm{g/cm^3}$;

P_P——孔隙流体压力,MPa。

(2) 地层应力计算

地层应力主要是由重力应力、构造应力、孔隙流体压力、热应力等耦合而成,这些应力引起的应力作用可以用水平和垂向的应力来表示。一般所说的地应力状态即是上述各应力相互叠加的总应力状态。地层中地应力状态基本存在以下 3 种类型:

Ⅰ：垂向主应力为最大主应力，即 $\sigma_v > \sigma_H > \sigma_h$；

Ⅱ：垂向主应力为最小主应力，即 $\sigma_H > \sigma_h > \sigma_v$；

Ⅲ：垂向主应力为中间主应力，即 $\sigma_H > \sigma_v > \sigma_h$。

式中：σ_v——垂向主应力；

σ_H——水平向最大主应力；

σ_h——水平向最小主应力。

应力不仅有大小还有方向，垂向应力的方向是垂直方向，而水平最大和最小应力方向判定则利用前述交叉偶极声波各向异性处理或电成像资料分析得到。

① 地层垂向主应力。地层垂向主应力也称为上覆地层压力，它是指覆盖在地层以上的岩石及其岩石孔隙中流体总重量造成的压力，其计算公式为：

$$\sigma_v = \rho_0 g H_0 + \int_{H_0}^{H} \rho g \, \mathrm{d}h \tag{2-3-12}$$

式中：σ_v——上覆地层压力，Mpa；

ρ_0——没有测井密度值深度段的地层等效平均密度值，g/cm³；

ρ——地层密度，g/cm³；

H_0——密度测井的起始深度，m；

H——计算点的深度，m。

此外，和应力的计算密切相关的还有静水柱压力和泥浆柱压力。静水柱压力可以用来计算孔隙流体压力并判定是否属于异常压力，而泥浆柱压力则在地层钻开后，对保持井壁稳定性起很大作用。

静水柱压力是指测点之上静水柱产生的压力。它的大小与液体的密度和液柱的高度有关，而与液柱的形状和大小无关。其计算公式为：

$$P_w = \rho_w g H \tag{2-3-13}$$

式中：P_w——静水柱压力，MPa；

ρ_w——地层水密度，g/cm³。

泥浆柱压力是指井眼中某一深度点泥浆柱产生的压力，其计算公式为

$$P_m = \rho_m g H \tag{2-3-14}$$

式中：P_m——泥浆柱压力，MPa；

ρ_m——泥浆柱密度，g/cm³。

② 地层水平主应力。地层水平主应力包括最大水平主应力和最小水平主应力，利用测井资料计算地层水平主应力的方法主要是根据模型公式来确定。这些模型都是在确定地层垂向主应力基础上给出近似或相对的应力计算值。主要模型有假设水平方向上的应变为零，水平最大主应力和水平最小主应力相当，且其水平主应力是由上覆地层重力产生的单轴应变模型；认为水平地应力是由上覆地层压力和构造应力的共同作用产生的黄式模型（1988）和改进的连续应变模型（1990，也称组合弹簧模型）及以此为基础的微分模型等。

根据收集到的研究区资料以及模型的适用情况，选取了组合弹簧模型定量计算最大、最小主应力。

组合弹簧模型假设岩石是均匀各向同性的线弹性体，且假定在沉积后，地层之间没有发生相对的位移，由虎克定律推导得到：

$$\begin{cases} \sigma_h = \dfrac{\gamma_s}{1-\gamma_s}(\sigma_v - \alpha P_p) + \dfrac{E_s \varepsilon_h}{1-\gamma_s{}^2} + \dfrac{\gamma_s E_s \varepsilon_H}{1-\gamma_s{}^2} + \alpha P_p \\[4mm] \sigma_H = \dfrac{\gamma_s}{1-\gamma_s}(\sigma_v - \alpha P_p) + \dfrac{E_s \varepsilon_H}{1-\gamma_s{}^2} + \dfrac{\gamma_s E_s \varepsilon_h}{1-\gamma_s{}^2} + \alpha P_p \end{cases} \tag{2-3-15}$$

该模型考虑了上覆地层压力、孔隙流体压力、泊松比及杨氏模量的影响。式中，σ_h、σ_H 分别为最小和最大水平主应力；γ_s、E_s 分别为静态泊松比、静态杨氏模量；P_p 为孔隙流体压力；α 为 Biot 系数；ε_h、ε_H 分别为最小、最大水平应力方向的应变系数，在同一区块内 ε_h、ε_H 为常数。

二、关键参数的确定

1. 上覆地层等效密度 ρ_0

计算地层垂向主应力（或上覆地层压力）时，需要通过地层密度和深度值计算。但由于大多数井并非从井底到井口采集全井段测井资料，一般从地面到测井作业段有较长的密度资料缺失，上覆地层密度 ρ_0 难以通过测井资料直接得到。一般做法是通过有目的性地从井底到井口进行全井段测井，或者根据钻探取样通过统计分析获得表层覆土层平均密度值。这两种方法虽然较为直接，但绝大多数井因没有施工要求而缺失相关数据，导致难以得到表层地层的密度值。

利用人工地震勘探资料可以获得从地面到地层深处的旅行时，通过速度分析可得到不同深度的波速大小。而测井资料可得到某深度段的波速和密度资料，因此综合测井和地震资料，井震结合计算上覆地层密度是最为直接和有效的方法。该方法利用相同地层测井纵波速度和过井地震纵波速度得到测井速度和地震速度之间的转换关系，根据测井纵波速度和密度资料得出测井纵波速度和密度之间的关系；然后通过将浅层地震速度转换为测井速度，再根据测井波速和密度的关系得到浅部地层的密度值，方法流程见图 2-3-3。该方法克服了现有技术难以得到浅部无测井地层密度的困难，可提高上覆地层压力和岩石力学参数的计算精度。

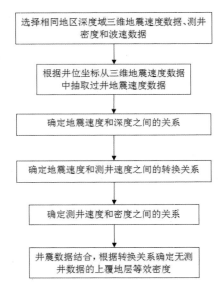

图 2-3-3　井震结合上覆地层等效密度计算流程图

（1）地震速度和深度之间的关系

利用相同地区的深度域三维地震波速数据和测井数据，根据井位坐标提取深度域过井地震速度数据，建立深度和地震速度的关系。利用过 Y173、Y176、Y189、Y290 井地震层速度可得到本区地震波速和埋深之间的关系，如图 2-3-4 所示，关系式为：

$$V_s = 2 \times 10^{-6} H + 0.0054 \tag{2-3-16}$$

式中：V_s——地震波速，ft/μs；

　　　H——垂深，m。

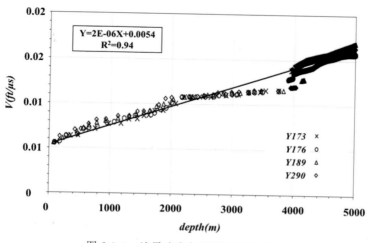

图 2-3-4　地震速度与深度之间的关系

（2）地震波速和测井波速的转换关系

根据过井点深度域地震速度数据，按照地震层速度变化划分地层层段 i，得到每段的地震层速度 $\overline{V}_s(i)$，然后将对应 i 层段的测井纵波波速数据求平均值：

$$\overline{V}_L(i) = \frac{1}{N}\sum_{j=0}^{N} V_{Log}(i,j)$$

(2-3-17)

式中：$\overline{V}_L(i)$——第 i 层段的测井平均波速，ft/μs；

$V_{log}(i,j)$——第 i 层段中第 j 个测井速度值，ft/μs；

N——第 i 层段中的等间隔测井数据个数。

将相同层段同时具有地震和测井速度的样本点 $[\overline{V}_s(i),\overline{V}_L(i)]$ 通过交会回归分析（图 2-3-5），得到地震纵波波速和测井纵波波速之间的转换关系：

$$V_L = 1.127 \times V_s - 0.0024$$

(2-3-18)

式中：V_L——测井速度，ft/μs；

V_s——地震速度，ft/μs；。

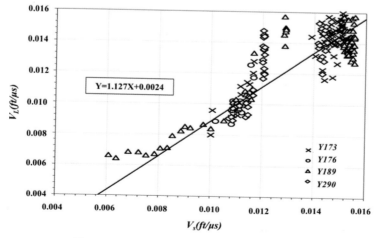

图 2-3-5　测井和地震纵波速度数据统计关系

（3）测井速度和密度之间的关系

采用多口井测井数据建立测井纵波波速和密度之间的关系,以消除测井系统误差,满足地区规律。图 2-3-6 为利用 Y173、Y176、Y189、Y290 测井数据建立的测井波速和密度之间的交会图,测井纵波波速和密度之间的关系如下:

$$\rho = 7.6 V_p^{0.253} \tag{2-3-19}$$

式中:ρ——密度,g/cm³;

　　V_p——测井纵波速度,ft/μs。

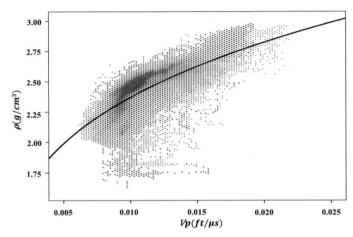

图 2-3-6　测井纵波波速和密度交会图

(4)上覆地层等效密度估算

求某井垂深 H_0 处的上覆地层等效加权密度,可利用过关键井提取的深度域地震波速资料,建立地震波速随深度的变化关系。通过等深度间隔 h 内插得到某井由地面到垂深 H_0 处的系列深度 $h_i(i=1,2,3\cdots N)$ 对应的地震速度 $V_{si}(i=1,2,3\cdots N)$,然后利用刻度关系将地震速度转换为测井速度 V_{li},再根据测井速度和密度之间的关系,得到 V_{li} 对应的地层密度值 ρ_i,最后根据式 2-3-20 计算上覆地层等效密度 ρ_0。

$$\rho_0 = \sum_{i=1}^{N} h \times \rho_i / \sum_{i=1}^{N} h = \sum_{i=1}^{N} \rho_i / N \tag{2-3-20}$$

式中:ρ_0——深度 H_0 处的地层等效密度,g/cm³;

　　h——深度间隔,m;

　　N——由地面到深度 H_0 处被深度间隔 h 划分出的等份数;

　　ρ_i——第 i 等份的地层密度,g/cm³。

图 2-3-7 为上覆地层等效密度估算实例,图中 DEN-V 为由井震数据结合得出的上覆地层某深度点密度,DEN-D 为根据测井段密度数据得到深度和密度关系进行外推得出的上覆地层某深度点密度。由于测井密度和深度的关系由中深部地层数据得出,因此得出的上覆地层密度偏大,应为上限值。DENA-V 与 DENA-D 是分别由 DEN-V 和 DEN-D 进行深度加权得到的上覆地层等效加权密度。

由图 2-3-7 可以看出无论是某深度点密度还是等效加权密度,由井震结合得出的密度值在浅层都小于由密度外推得出的密度值,且随深度的增加呈非线性变化,直至基本重合。尤其是等效加权密度特征更为明显:ENA-V 小于 DENA-D,在埋深小于 800 米浅层处小于 DENA-D,随埋深的增大呈现明显的非线性变化趋势,且随深度增加梯度逐渐减小,直至与 DENA-D 基本重合,更符合地层密度随埋深增加的变化规律。

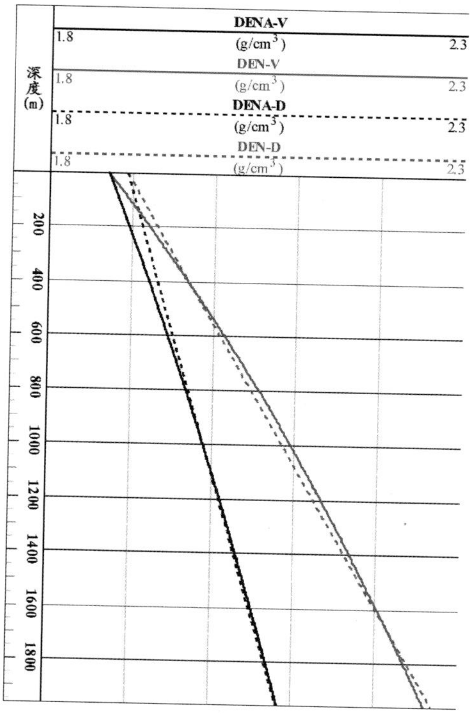

图 2-3-7   上覆地层等效密度估算实例

由此方法得到研究区 2000 米深度附近上覆地层等效密度约为 2.1g/cm^3(表 2-3-1)。

表 2-3-1   部分井上覆地层平均等效密度估算实例

井号	$H_0(\text{m})$	$\rho_0(\text{g/cm}^3)$
Y173	1 975	2.07
Y176	1 983	2.06
Y189	2 482	2.11
Y209	1 965	2.097

2. 最大、最小水平主应变 ε_H、ε_h

(1)方法原理

计算地应力需要最大、最小水平主应变 ε_H、ε_h 参数。目前计算方法不多,目前公认的最直接的方法是水力压裂法。该方法根据水力压裂资料确定水平最大、最小地应力,然后代入到相应的方程中反求模型中的未知参数。

具体做法是在压裂过程中通过压裂管柱将压裂液送至压裂井段,不停地泵入压裂液直到井壁岩层破裂,这时的泵压加压裂液柱压力即是地层的破裂压力。如果此时继续泵入压裂液,使得压裂裂缝向地层深处延伸,这时的压力为延伸压力。裂缝延伸大约5分钟之后,突然停泵,去除压裂管柱的摩阻,此时的压力即是裂缝的闭合压力,也可以看成是地层的最小水平地应力。等到井孔中的压力不再变化时(这时的压力为地层的孔隙流体压力),然后重新泵入压裂液,再次压裂地层,这时的压裂压力峰值即是地层的重张破裂压力。整个的施工加压过程可以通过泵入压力与时间的关系图来表示,图 2-3-8 为典型的水力压裂施工图。

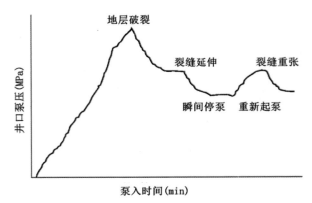

图 2-3-8　典型的水力压裂施工曲线

利用水力压裂资料可以确定地层破裂压力、最小水平地应力和岩石的抗压强度。为建立理论计算公式有以下几个基本假设:压裂地层的岩石是均匀的、各向同性的线弹性体,且有较低的渗透性;压裂模型可简化成无限大岩石平板,在该平板中有一个孔轴与垂向应力平行的圆孔,且作用着两个水平主应力 σ_H、σ_h;最小主应力方向与地层首次压裂裂缝面垂直,且裂缝面有一定的长度。

基于上述假设,根据弹性介质理论,通过应力分析,最终可得到最大、最小水平地应力的计算公式:

$$\begin{cases} S_t = P_f - P_r \\ \sigma_h = P_s \\ \sigma_H = 3\sigma_h - P_f - \alpha P_p + S_t \end{cases} \tag{2-3-21}$$

式中:σ_H、σ_h——最大、最小水平主应力,MPa;

　　　P_s——停泵压力,由压裂资料得到,MPa;

　　　P_r——重张压力,由压裂资料得到,MPa;

　　　P_f——破裂压力,由压裂资料得到,MPa;

　　　α——Biot 系数,无量纲,根据假设孔隙渗透性较低时可取 1;

　　　P_p——地层孔隙流体压力,由测井资料计算得到,MPa;

　　　S_t——抗拉强度,MPa。

借助水力压裂资料和计算出的孔隙流体压力,可确定最大、最小水平主应力 σ_H、σ_h 以及破裂压力 S_t。将测井资料计算得到的杨氏模量、泊松比等参数,代入最大、最小水平主应力的计算模型,即可反求出最大、最小水平主应力应变 ε_H、ε_h:

$$\begin{cases} \varepsilon_h = \dfrac{AB + CE - AC - BD}{C^2 - B^2} \\ \varepsilon_H = \dfrac{D - A - B \times \varepsilon_h}{C} \end{cases} \tag{2-3-22}$$

式中:$A = \dfrac{\gamma_s}{1-\gamma_s}(\sigma_V - \alpha P_P) + \alpha P_P$；

$B = \dfrac{E_s}{1-\gamma_s^2}$；

$C = \dfrac{\gamma_s E_s}{1-\gamma_s^2}$；

$D = \sigma_h$；

$E = \sigma_H$；

E_s——静态杨氏模量，MPa；

γ_s——静态泊松比，无量纲；

σ_v——上覆地层压力，MPa；

P_P——孔隙流体压力，MPa。

（2）参数确定

在利用压裂资料采用上述方法确定 ε_H、ε_h 时，由于压裂井底装有封隔器或者进行油套混注，井口压力中就包含有井筒摩阻的影响，需要对井口压力进行摩阻转换以估算井底的实际压力。井底压力和井口压力一般有如下关系：

$$P = P_a + P_H - P_{fr} \tag{2-3-23}$$

式中:P——井底压力，MPa；

P_a——井口压力，MPa；

P_H——静液柱压力，MPa；

P_{fr}——摩阻，MPa，认为在压裂施工中停泵后无摩阻损失，采用停泵前后的压力差代替井下各种摩阻损失。

根据 Y290 和 Y936 井压裂资料（图 2-3-9、图 2-3-10），利用测井资料计算出的弹性模量、上覆地层和孔隙流体压力参数，可得到研究区的最大、最小应变系数如表 2-3-2 所示。

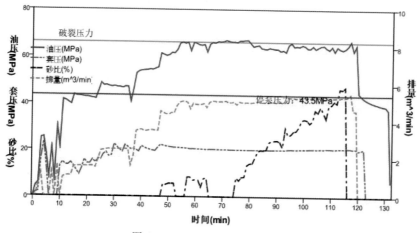

图 2-3-9　Y290 压裂施工曲线

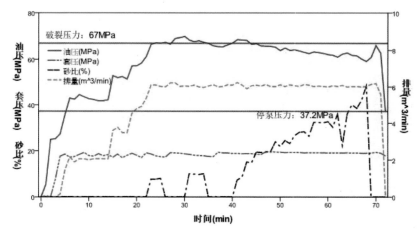

图 2-3-10　Y936 压裂施工曲线

表 2-3-2　最大、最小应变系数

地区	ε_H	ε_h	备注
Y176	1.47	0.15	
盐永	1.14	0.06	弹性参数及压力,单位 Mpa

3. Biot 系数 α

Biot 系数(α)是指在相同孔隙压力下,孔隙体积变化与总体积变化之比。根据 Gassmann—Biot 理论,其表达式可写为:

$$\alpha = \frac{\Delta V_f}{\Delta V}\Big|_{dry} = 1 - \frac{K_{dry}}{K_0} \tag{2-3-24}$$

式中:ΔV_f——孔隙体积变化;

　　　ΔV——总体积变化;

　　　K_{dry}——干岩石的体积模量,MPa;

　　　K_0——矿物的体积模量,MPa。

Biot 系数估算方法较多,常用的有临界孔隙模型和 Kriff 模型。

(1)临界孔隙法

根据 Nur 的改进 Voigt 平均与临界孔隙度模型有:

$$\begin{cases} K_{dry} = K_0 \left(1 - \dfrac{\varphi}{\varphi_c}\right) \\ \mu_{dry} = \mu_0 \left(1 - \dfrac{\varphi}{\varphi_c}\right) \end{cases} \tag{2-3-25}$$

式中:μ_{dry}、μ_0——干岩石和矿物的剪切模量;

　　　φ_c、φ——临界孔隙度和孔隙度。

由此可以得到:

$$\alpha = \begin{cases} \dfrac{\varphi}{\varphi_c}, 0 \leq \varphi \leq \varphi_c \\ 1, \varphi \geq \varphi_c \end{cases} \tag{2-3-26}$$

即是临界孔隙度法求取 Biot 系数的公式。

（2）Krief 模型

Krief 使用实验数据建立了 Biot 系数与孔隙度的关系为：

$$(1-\alpha) = (1-\varphi)^{m(\varphi)}$$

$$m(\varphi) = \frac{A}{1-\varphi} \tag{2-3-27}$$

以上方法都可以估算 Biot 系数值。实例计算表明，Biot 系数变化幅度较大，由于本区致密油藏为中低孔渗，Biot 系数相对较小、主要分布在 0.3～0.5。

4. 其他参数

内摩擦系数，根据实验和相关估算公式，取值范围为 0.6～1，可自动估算或对稳定岩性段给定。

计算抗剪强度（内聚力）的比值，即抗压强度与抗剪强度的比值。可利用内摩擦系数根据抗压和内聚力之间的关系估算。该值调大，内聚力减少，坍塌压力增大。根据单轴抗压强度与内聚力之间的关系，以及内摩擦系数的大小范围为 0.6～1，认为该值可在 3.5～4.83 选取。

抗压与抗张强度的比值，理论值为 12，一般在 8～15 范围内调整。该值增大，抗拉强度减小，破裂压力减小。

三、计算结果的检验

1. 弹性模量

图 2-3-11 为 Y173 井通过测井纵横波速和密度资料计算得到的岩石动静弹性参数。图中标注的静态和动态模量均为计算值，以字母 C 开头的黑色杆图为实验室测量值。从图中可以看出动态弹性模量大于静态弹性模量，经过动静转换后计算的静态杨氏模量和剪切模量基本与实验室测量值相等，泊松比计算值和实验室测量值差异不大，说明了计算的合理性（表 2-3-3）。

2. 破裂压力

根据压裂资料计算得到最大、最小水平应变系数 ε_H、ε_h，并代入计算模型可求得地层应力及井壁稳定性参数。图 2-3-12 为 Y936 计算结果，图中红色虚线为利用 Y936 井水力压裂资料中得到的地层破裂压力和最大、最小水平主应力，黑色实线为通过计算求得的最大、最小水平主应力以及地层破裂压力，最后一列为安全泥浆密度窗口。由图 2-3-12 可见，计算得到的最大、最小水平主应力以及地层破裂压力与压裂资料所得值基本相等，实际泥浆密度在安全密度窗口内，说明计算结果和最大、最小水平主应变 ε_H、ε_h 系数取值是合理的。

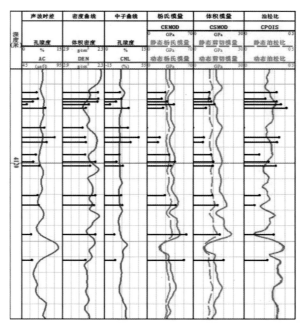

图 2-3-11　动静态岩石弹性参数计算结果

表 2-3-3　Y936 井破裂压力等计算值与压裂资料对比表

来源	P_f(MPa)	σ_H(MPa)	σ_h(MPa)	ρ_{min}(g/cm³)	ρ_{max}(g/cm³)
压裂资料所得	76.676	75.99	48.876		
计算结果	74.193	78.63	47.74	1.27	2.06

图 2-3-12　Y936 计算结果与压裂数据对比结果

3. 多元测井数据岩石力学参数计算

图 2-3-13 为 Y936 井沙四段计算成果图。由图可知,该地区的沙四段杨氏模量分布在 30~60 GPa 之间;最大、最小水平主应力分别在 80 MPa 和 50 MPa 左右;地层破裂压力 80 MPa 左右;安全泥浆密度窗口在 1.3~2.1 g/cm³ 之间。Y936 井完井报告中无泥浆漏失段记录,证明实际泥浆密度在安全密度窗口之间,各计算模型和参数选取合理。

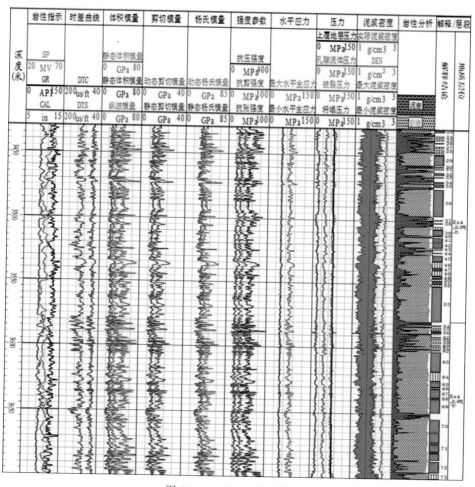

图 2-3-13 Y936 井成果图

图 2-3-14 为 Y222 沙四段计算成果图。由图可知,该井沙四段杨氏模量分布在30~60 GPa 之间;最大、最小水平主应力分别在 85 MPa 和 46 MPa 左右;地层破裂压力为 75 MPa 左右;安全泥浆密度窗口在 1.2~1.8 g/cm³ 之间。Y222 井完井报告记录,在钻至 4 007 m 时因为钻井液密度较高导致井底压裂造成孔隙性漏失(实际钻井泥浆密度 1.74 g/cm³)。图中 Y222 井处理井段底深为 4 000 m,未及泥浆漏失段,故实际泥浆密度在安全密度窗口之间,但接近泥浆最大密度,说明了计算结果的合理性。

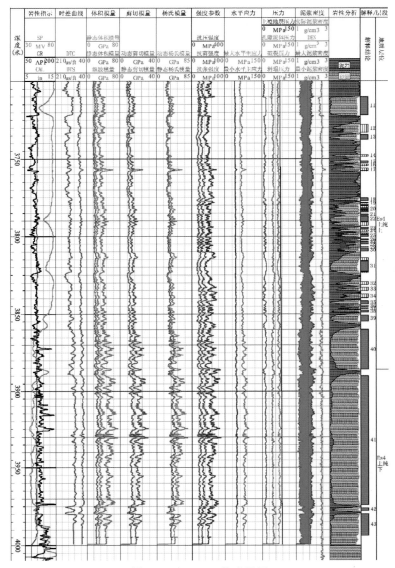

图 2-3-14　Y222 井成果图

第四节　不同区块地应力差异分析

一、地应力大小分析

在单井岩石力学参数计算基础上，为保证样本数据的可靠性，对有明确地层层位划分和横波资料的 14 口井力学参数进行了统计分析，包括静态体积模量 K、静态剪切模量 μ、静态杨氏模量 E、静态泊松比 γ、抗张强度 ST、抗压强度 SC、最大水平主应力 σ_H、最小水平主应力 σ_h、破裂压力 P_f、坍塌压力 P_c，详见表 2-4-1（沙三段（Es3）12 口井、沙四段（Es4）14 口）。

表 2-4-1　岩石力学参数统计表

井名	层位	起深 （m）	终深 （m）	K （GPa）	μ （GPa）	E （GPa）	γ	ST （MPa）	SC （MPa）	σ_H （MPa）	σ_h （MPa）	P_f （MPa）	P_c （MPa）
Y935	Es3	1 514	2 916.2	12.84	5.03	14.28	0.28	6.52	97.80	46.66	35.03	55.12	15.20
Y22-22	Es3	2 755	2 878	17.27	5.99	19.64	0.31	10.14	121.72	52.74	36.85	62.63	9.03
Y222-3	Es3	2 000	3 169	16.68	5.69	18.78	0.31	7.57	113.55	53.92	39.04	58.34	14.80
Y681	Es3	3 197	3 423	22.70	9.74	30.03	0.28	15.86	218.90	84.98	54.00	79.60	13.56
Y193	Es3	3 176	3 499	17.72	7.41	23.44	0.28	14.84	159.77	74.10	49.92	75.96	18.16
Y173	Es3	3 480.5	3 901.5	18.00	8.48	24.98	0.27	21.23	212.34	88.78	52.79	87.49	17.16
Y176	Es3	3 062	3 554.5	15.89	6.91	20.27	0.29	12.96	155.48	69.00	48.22	76.35	15.78
Y178	Es3	3 100	3 473	14.76	7.24	21.07	0.26	16.24	162.45	70.28	48.48	73.63	18.25
Y184	Es3	3 295	3 724	17.11	8.57	24.89	0.26	25.60	204.78	74.42	48.28	82.74	11.80
Y189	Es3	3 053.5	3 908.5	17.71	7.17	21.22	0.3	12.98	155.75	75.17	53.62	85.62	21.10
Y290	Es3	3 217.5	3 678	16.91	7.31	21.62	0.29	12.77	166.14	73.52	51.35	79.00	18.49
Y179	Es3	3 200	3 598	15.77	6.90	20.19	0.29	10.37	155.51	70.71	49.99	75.89	17.26
Y935	Es4	2 916.2	4 330.5	20.03	9.71	27.41	0.28	17.01	205.24	80.66	57.49	82.89	25.86
Y936	Es4	3 300	4 060	25.95	13.77	35.58	0.25	18.37	275.58	98.42	65.78	79.96	35.77
Y222	Es4	3 547.3	3 972	21.23	9.06	28.09	0.28	17.92	190.74	76.15	52.88	84.77	16.77
Y22-22	Es4	2 878	3 730	24.05	9.89	30.54	0.29	18.97	213.99	76.32	51.18	77.80	21.76
Y222-3	Es4	3 169	3 780.5	26.01	11.08	33.84	0.29	18.88	233.09	80.13	52.69	81.12	16.47
L681	Es4	3 423	3 850	19.06	8.04	25.21	0.28	12.81	166.50	80.16	54.15	81.71	16.68
Y193	Es4	3 499	4 169	23.26	10.01	30.78	0.28	17.93	218.31	91.97	60.21	91.37	17.44
Y173	Es4	3 901.5	4 102.3	24.37	11.78	33.75	0.27	28.08	280.76	96.65	61.54	101.73	19.60
Y176	Es4	3 554.5	3 880	21.70	9.37	27.56	0.27	16.59	199.10	87.23	59.00	90.73	26.50
Y178	Es4	3 473	4 100	20.22	9.76	28.45	0.27	18.33	221.61	89.47	59.71	87.63	22.07
Y184	Es4	3 724	4 150	21.62	10.44	30.29	0.26	27.65	221.23	86.46	54.87	90.82	71.64
Y189	Es4	3 908.5	4 430	24.42	11.29	32.71	0.26	21.46	257.51	98.80	64.96	101.76	20.06
Y290	Es4	3 678	4 100	24.17	10.09	29.82	0.29	15.85	237.76	93.17	62.76	96.02	18.08
Y179	Es4	3 598	3 977	22.40	9.54	28.21	0.29	13.03	195.45	88.85	59.98	90.49	18.67

1. 不同层段地应力大小差异

利用表 2-4-1 数据,做沙三段、沙四段最大水平主应力及最小水平主应力分布直方图（图 2-4-1）,可以看出沙四段最大水平主应力峰值分布在 87.5 MPa 左右,最小水平主应力峰值分布在 59 MPa 左右,而沙三段最大水平主应力峰值分布在 72.5 MPa 左右,最小水平主应力峰值分布在 49 MPa 左右。因此,沙四段最大、最小水平主应力均大于沙三段,表明沙四段相较于沙三段砂泥比较大、储层特征显著,而沙三段泥质含量相对较高。

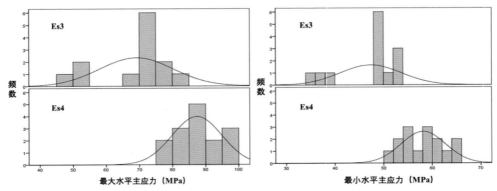

图 2-4-1 最大、最小水平主应力分布直方图（分层位）

2. 不同地区地应力大小差异

根据 63 口单井处理结果（其中 YY 地区 23 口井、Y176 区块 40 口井），对 Y176、YY 两个地区统计了其最大、最小水平主应力分布范围，见图 2-4-2。可以看出 Y176 区块的最大水平主应力峰值在 80 MPa 左右，最小水平主应力峰值在 55 MPa 左右；YY 地区的最大水平主应力峰值在 75 MPa 左右，最小水平主应力峰值在 52.5 MPa 左右。总体来说，Y176 区块最大、最小水平主应力均大于 YY 地区。

表 2-4-2 为分地区、分层位统计的最大、最小水平主应力的最大值、最小值及峰值，可以看到各应力值到 Y176 区块大于 YY 区块、沙四层段大于沙三层段。

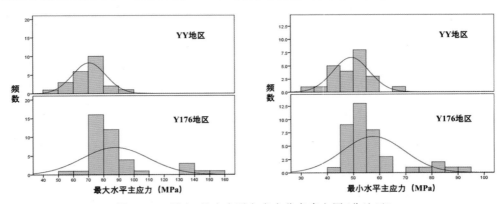

图 2-4-2 最大、最小水平主应力分布直方图（分地区）

表 2-4-2 不同层位、不同地区应力大小统计特征

		σ_H最大值（MPa）	σ_H最小值（MPa）	σ_H峰值（MPa）	σ_h最大值（MPa）	σ_h最小值（MPa）	σ_h峰值（MPa）
分地区	YY	98	46	75±5	66	35	52.5±2.5
	Y176	150	58	80±5	92	40	55±2.5
分层位	Es3	85	46	72.5±2.5	54	35	49±1
	Es4	99	76	87.5±2.5	66	51	59±1

二、地应力方向差异

地应力方向主要根据交叉偶极阵列声波资料处理得到的快、慢横波方位和电成像测井资料处理得到的诱导裂缝、井壁崩落方位来判断。其中，快横波方位和诱导缝方位反映的是水平最大主应力方向，慢横波和井壁崩落方位反映的是水平最小主应力方向。

在单井阵列声波和电成像资料处理基础上，绘制了平面上各井应力方向玫瑰图，便于对区域应力方向分布的认识。从前面的分析可知，利用交叉偶极阵列声波资料各向异性分析结果判断地应力方向时，受到的影响因素较多，而相对来说，利用电成像资料处理成果得到的地应力方向更为可靠。下面通过两种资料分析结果的对比，给出 Y176 区块和 YY 区块的区域应力方向分布。

1. Y176 区块

（1）区域总体应力方向分布

图 2-4-3 是 Y176 区块 10 口井电成像资料处理得到的诱导裂缝方位区域分布图，即水平最大主应力方向分布图。从图中可以看出，该区块各单井处理结果一致性较好，规律性强，可以判断出水平最大主应力方向总体上为北东东-南西西、近东西向；最小主应力方向为近南北向。图中 BS6-1 显示方向异常，主要是该井诱导缝不发育，拾取的极个别诱导缝不具统计意义。

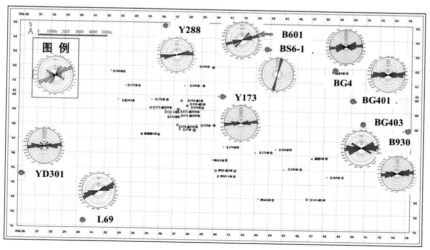

图 2-4-3　Y176 区块基于电成像测井判断的地层水平最大主应力方向分布图

图 2-4-4 是利用 Y176 区块 13 口井交叉偶极横波资料处理得到的水平最大主应力方向分布图。从图中可以看出，地层水平最大主应力方向总体上呈东西向，与上述电成像资料判断一致，但因为影响因素较多，部分井偏差较大。

综合两种判断方法认为，Y176 区块水平最大主应力方向总体为北东东-南西西、近东西向，水平最小主应力方向与此垂直。

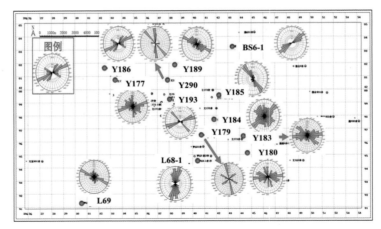

图 2-4-4　Y176 区块基于交叉偶极声波判断的水平最大主应力方向分布图

（2）地层各向异性大小差异

对该区 13 口井的单井处理成果，按层系统计了各向异性系数大小，见表 2-4-3 和图 2-4-5。结果表明，本区总体上各向异性虽有一定差异，但并不显著；主要目的层段沙三段、沙四段差异不明显。

表 2-4-3　Y176 块按层系统计各向异性系数表

地质层位	慢度各向异性（%）	时间各向异性（%）
东营组	3.77	4.17
沙一段	5.77	6.98
沙二段	4.51	6.19
沙三段	3.94	7.56
沙四段	4.22	7.25

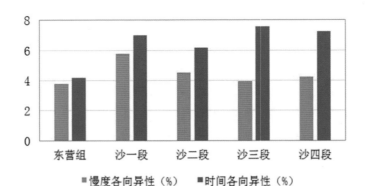

图 2-4-5　Y176 区块各层系各向异性大小分布直方图

（3）地应力方向差异

为了精细认识纵向上不同层系的地应力方向，根据电成像和交叉偶极声波测井的处理结果，对主要目的层段沙三段和沙四段分别统计，见表 2-4-4。需要说明的是，因电成像测量井段限制或缺乏地质层位划分信息，沙三段没有统计电成像处理结果，主要参考阵列声波处理得到的快横波方位；沙四段根据电成像和阵列声波得到的认识一致性差，以电成像处理结果为主要判断依据。

从表中可以看出,该区沙三段、沙四段水平最大主应力总体近似,都为近东西向,但方位相差约30°,最小水平主应力方向与此正交。需要注意的是,沙三段应力方向是基于交叉偶极阵列声波处理结果,因为受到的影响因素较多,还需要现场的其他佐证。

表 2-4-4　Y176 区块地层水平应力方向分层位对比表

地质层位	沙三段	沙四段		
应力类型	水平最大主应力	水平最大主应力		水平最小主应力
判断依据	阵列声波(快横波)	电成像(诱导缝)	阵列声波(快横波)	电成像(井壁崩落)
方位玫瑰图				
应力方向	北西西-南东东 (近东西向)	南西西-北东东 (近东西向,电成像为主要依据)		北北东-南南西 (近南北向)

2. YY 区块

(1) 区域总体应力方向分布

图 2-4-6 是 YY 区块电成像资料处理得到的诱导裂缝方位区域分布图,即水平最大主应力方向分布图。从图中可以看出,本区电成像测井资料较少,但各单井处理结果仍然呈现出较好的一致性,具较强规律性,据此判断出水平最大主应力方向总体上为南东东-北西西,接近东西向,最小主应力方向与此垂直,为近南北向。其中 Y936 井诱导缝不发育,识别出的少量井壁崩落方位反映出的水平最小主应力方向与总体认识一致。

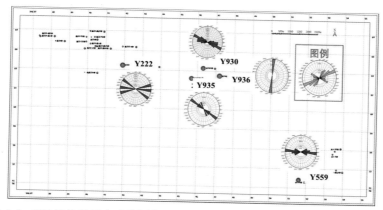

图 2-4-6　YY 区块基于电成像测井诱导缝判断的地层水平最大主应力方向分布图

图 2-4-7 是利用 YY 区块具备交叉偶极横波资料处理得到的水平最大主应力方向分布图。从图中可以看出,地层水平最大主应力方向总体上呈东西向,与上述电成像资料判断一致,但由于井资料少、影响因素复杂等原因,总体分布的优势方向不够集中。

综合两种判断方法认为,YY 区块水平最大主应力方向总体为南东东-北西西,接近东西向,水平最小主应力方向与此垂直。

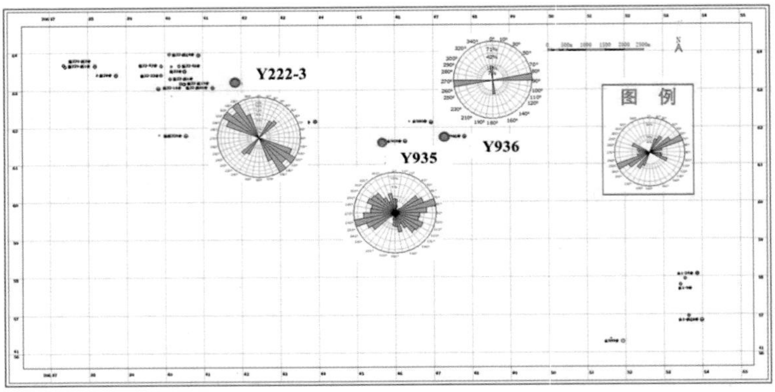

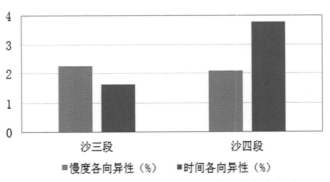

图 2-4-7　YY 区块基于交叉偶极声波判断的水平最大主应力方向分布图

（2）地层各向异性大小差异

本区具备交叉偶极阵列声波资料的井只有 4 口,按层位统计的单井各向异性系数大小见表 2-4-5 和图 2-4-8。结果表明,本区总体上各向异性较弱,主要目的层段沙三、沙四差异不明显。

表 2-4-5　YY 区块按层位统计各向异性系数表

地质层名	慢度各向异性（%）	时间各向异性（%）
沙三段	2.25	1.63
沙四段	2.08	3.78

图 2-4-8　YY 区块各层位各向异性大小分布直方图

（3）地应力方向差异

为了精细认识纵向上不同层系地层应力方向,根据电成像和交叉偶极声波测井的处理结果,对主要目的层段沙三段和沙四段分别统计,见表 2-4-6。需要说明的是,因电成像测量井段限制或缺乏地质层位划分信息,沙三段没有统计出电成像处理结果,主要参考阵列声波处理得到的快横波方位;沙四段根据电成像和阵列声波得到的最大主应力方向认识接近一致,方位相差约 10°。

从表中可以看出,该区沙三段、沙四段水平最大主应力方向差异明显,沙三段为北东东-南西西、更近于东西向,而沙四段为北西西-南东东、更近于北西-南东向,二者相差约

60°,最小水平主应力方向与此正交。需要注意的是,沙三段应力方向是基于交叉偶极阵列声波处理结果,因为受到的影响因素较多,还需要现场的其他佐证。

表 2-4-6 YY 区块地层水平应力方向分层位比较

地质层位	沙三段	沙四段		
应力类型	水平最大主应力	水平最大主应力		水平最小主应力
判断依据	阵列声波(快横波)	电成像(诱导缝)	阵列声波(快横波)	电成像(井壁崩落)
方位玫瑰图				
应力方向	北东东-南西西 (近东西向)	北西西-南东东 (近北西-南东)		北北东-南南西 (近北东-南西)

第3章

致密油藏储层地应力地震物理模拟 >>>

第一节 地应力三维物理模型制作

一、应力敏感模型材料研发

常规的物理模型材料多为环氧树脂、硅橡胶等有机材料添加各种无机粉末,在进行混合、浇筑、固化、形态雕刻等步骤得到比例因子下的物理模型。环氧树脂具有强度大、硬、脆的特征,在施加非常大的应力时其物性参数也很难发生改变;而硅橡胶则具有强度小、软、容易破碎的特点,施加较小应力时模型即发生较大形变。为了实现应力敏感模型材料的研发,利用环氧树脂-硅橡胶-石英砂混合胶结的方法,来制作既有一定强度又有一定韧性的模型材料,选定软质胶结物范围为 $60\%\sim90\%$,在此范围内模型材料能够在模拟应力范围内实现物性参数可变的特征。

均质应力敏感材料的制作分为两个过程:压实过程和固化过程。制作步骤主要有5步:第一步按照参数设计要求确定石英砂、环氧树脂及硅橡胶的使用比例;第二步是确定配比后将硅橡胶、环氧树脂、固化剂混合均匀;第三步是将混合胶结物与石英砂的混合物搓匀,使其均匀地分布在石英砂之间,以避免环氧树脂或者石英砂的局部富集,保证模型材料具有比较好的均质性;第四步是利用大型压机对混合均匀的原料进行压制,不同的压制压力会对原料造成不同程度的压实,最终影响样品的孔隙度,压力一般需要保持一段时间;第五步是卸载压力,静置 24 小时待混合胶结物固化后即可取出样品。取出后的样品要放入 40 ℃恒温箱中 48 小时,以保证环混合胶结物完全固化。随后即可对样品进行参数测试。

如图 3-1-1 所示,为均质应力敏感模型材料在水平两个方向模拟应力差(主应力 X 方向应力从 0 增加至 2 MPa,侧应力 Y 方向应力从 0 增加至 0.5 MPa)情况下进行纵波速度的测试,结果如图 3-1-2 所示。从图中可以看出,主应力方向下纵波速度出现了明显的增大趋势(时差变小),并且振幅能量显著增大。由于 Y 方向应力的增加范围明显小于 X 方向,因此 Y 方向上的速度和能量出现微弱的变化。从最终图 3-1-3 显示的两方向上速度及速度变化幅度的对比中能够更明显的看到此现象,说明研制的

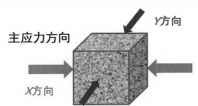

图 3-1-1 模型材料模拟应力下参数测试

模型材料能够在模拟应力展示出速度变化。

对于裂缝介质模型材料的实现,利用研发的均质应力敏感材料进行定量化裂缝雕刻的技术,沿着模型材料 X 方向走向雕刻一定深度及长度的裂缝,从而实现对裂缝介质的模拟。

对于固有各向异性模型材料的实现,则是利用非常细的长木纤维进行定向高压压制的方法,受木纤维走向的影响,最终压制出的模型材料下 3 个方向上具有速度差异,实现固有各向异性特征的模拟。

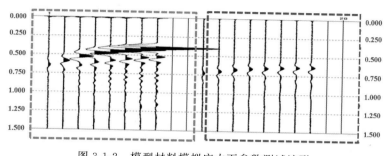

图 3-1-2 模型材料模拟应力下参数测试波形

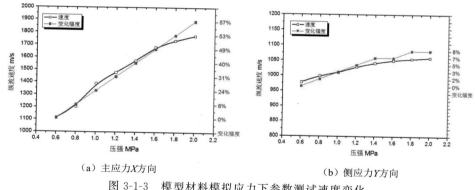

（a）主应力X方向　　　　　　　　（b）侧应力Y方向

图 3-1-3 模型材料模拟应力下参数测试速度变化

二、组合模型制作

在均质、裂缝、固有各向异性 3 种模型材料研发的基础上,共制作组合模型 6 组。所制作的模型均为三层模型;中间为模拟砂岩目的层;上、下为均质平层,利用均质聚氨酯材料进行浇筑。具体制作的 6 组模型如下:

1. 水平单应力均质介质模型

该组模型共制作 3 个模型,分别模拟强度为小、中、大的砂岩储层在不同地应力情况下的地震响应特征,模拟砂层参数如表 3-1-1 所示。模型实物如图 3-1-4 所示。

表 3-1-1 水平单应力均质介质模型目的层参数表

模型编号	强度	纵波速度（m/s）	横波速度（m/s）	密度（g/cm³）
H5	小	1 520	956	1.22
H15	中	1 985	1 177	1.41
H35	大	2 561	1 565	1.59

2. 水平单应力各向异性介质模型

该组模型共制作 1 个模型,模拟具有固有各向异性特征的砂岩储层在不同地应力情况下的地震响应特征,模拟砂层长、短轴速度参数如表 3-1-2 所示。模型实物如图 3-1-4 所示。

表 3-1-2　水平单应力各向异性介质模型长、短轴速度参数

	纵波速度(m/s)	横波速度(m/s)
长轴方向	3 520	1 921
短轴方向	2 685	1 497

3. 水平单应力裂缝介质模型

该组模型共制作 1 个模型,模拟具有垂直裂缝的砂岩储层在不同地应力情况下的地震响应特征,模拟砂层速度参数如表 3-1-3 所示。模型实物如图 3-1-4 所示。

表 3-1-3　水平单应力裂缝介质速度参数

	纵波速度(m/s)	横波速度(m/s)
沿裂缝方向	1 650	1 025
垂直裂缝方向	1 421	890

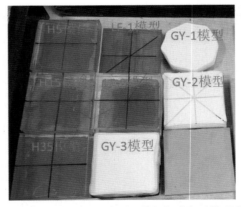

图 3-1-4　均质、各向异性介质、裂缝介质岩石模型实物图

4. 构造与应力关系模型

该组模型共制作 3 个模型,模拟不同岩性强度隆起构造及构造裂缝在不同地应力情况下的地震响应特征,模拟砂层速度参数如表 3-1-4 所示。模型实物如图 3-1-5 所示。

表 3-1-4　构造与应力关系模型参数表

模型编号	强度	纵波速度(m/s)	横波速度(m/s)	密度(g/cm³)
G1	小	1 430	856	1.18
G2	中	1 875	1 067	1.35
G3	大	2 341	1 365	1.64

图 3-1-5　隆起构造模型(编号 G1、G2、G3)

5. 应力与裂缝夹角模型

该组模型共制作 4 个模型,模拟应力和裂缝走向夹角分别为 0°、30°、60°、90°时不同地应力情况下的地震响应特征,模拟砂层速度参数如表 3-1-5 所示。模型实物如图 3-1-6 所示。

表 3-1-5　应力与裂缝夹角模型速度参数

	纵波速度(m/s)	横波速度(m/s)
沿裂缝方向	2 150	1 265
垂直裂缝方向	1 942	1 187

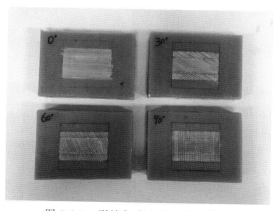

图 3-1-6　裂缝与应力夹角物理模型

6. 水平应力差模型

该组模型共 3 个模型,模型目的层分别为均质、各向异性及裂缝介质,利用已有模型进行测试。保持水平侧方向应力为最大,逐渐增大主方向应力,模拟不同水平应力差情况下地震响应特征,砂层速度参数如表 3-1-6 所示。

表 3-1-6　水平应力差模型参数

模型编号	纵波速度(m/s)	横波速度(m/s)	密度(g/cm³)
JZ	2 210	1 325	1.24
GXYX	3 214	1 564	1.61
LF	1 980	1 098	1.18

第二节　应力场三维物理模拟的地震采集处理

一、高精度地震波实验数据采集

1. 高精度地震波实验仪器接收探头

超声换能器（探头）是物理模型实验地震数据信号采集中最为关键的器件之一，由于与模型长期接触，探头性能会随着时间发生较大变化，因此探头在地震物理模拟实验中属于易耗品。

超声换能器（探头）的类型有多种，常用换能器是用压电换能材料制成的。商用超声波换能器的性能不能满足地震物理模型的要求，地震物理模型使用的换能器一般单独定制，与电脉冲发射器相连的换能器称发射换能器，作接收用的称接收换能器，两种换能器有些可以交换使用，也有些不能交换使用。

（1）探头指向性测试

在地震物理模拟中，超声换能器（探头）作为震源和接收器，产生及接收在物理模型中传播的超声波，在相似原则下得到地震剖面，用于研究不同地质体的响应特征。因此，超声换能器的性能直接影响着物理模型数据资料的质量。由于换能器尺寸的限制，不能将其作为点震源，在振幅及频率特征上均具有一定的指向特性，即波前面在不同角度上能量和频率特征不具有一致性。在进行反射能量的定量分析、各向异性分析、AVO 特征等现象的物理模拟实验时，这种指向特性会造成模型数据的不准确。为了消除换能器指向特性对实验数据的影响，对所有换能器的辐射特性进行了测试。

换能器指向性实验测试分为固体测试和水中测试。固体测试方法是将激发换能器固定在半球状铝块底圆面的中心处，接收换能器在铝块半圆弧面上逐点移动测量振幅，测量得到不同角度上的激发换能器辐射振幅值，从而得出激发换能器的指向性。固体测试方式的基本假设是换能器指向性在 90°角时具有振幅极大值，以及在每个测量点上接收换能器与半球状铝块之间具有相同程度的耦合，这往往是很难做到的。水中测试方法是将发射换能器固定在一个可以旋转的轴上，接收换能器固定在与发射换能器处于同一水平面的高度上，接收换能器接收方向不变而旋转发射换能器，测量得到不同角度上的激发换能器辐射振幅值，得出激发换能器的指向特性。水中测试方式的基本假设也是换能器指向性在 90°角时具有振幅极大值，可认为接收换能器与半球状铝块之间具有相同程度的耦合。图 3-2-1 为水中测试示意图。

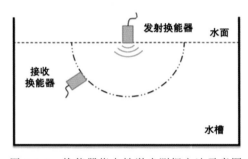

图 3-2-1　换能器指向性激光测振方法示意图

　　为了进一步提高测试精度,采取非接触式激光测振方法构建了实验平台,如图 3-2-2 所示。测试装置主要包括:超声放大器、超声换能器、半球状铝块(半径 5 cm)、激光测振仪和计算机。测试具体过程为:

　　① 将换能器固定在半球状铝块底圆面的中心处,换能器与铝块之前涂抹适量耦合剂确保耦合良好,以减少空气阻碍超声波传入铝块。

　　② 换能器连接超声放大器,根据换能器主频调节放大器增益等参数。

　　③ 利用激光测振仪在半球状铝块过球心的半圆弧面上 0°～180°范围内逐点移动测量,测量得到不同角度上的换能器超声振动振幅值。

图 3-2-2　换能器指向性激光测振方法示意图

　　④ 多次测量求取平均值,得到均一化之后的指向性结果。

　　利用激光测振仪在半球状铝块过球心的半圆弧面上 0°～180°范围内逐点移动测量,测量得到不同角度上的换能器超声振动振幅值,如图 3-2-3 所示。多次测量求取平均值,得到均一化之后的指向性结果,如图 3-2-4 所示,红色线为均一化之后的水中测试结果,蓝色线为均一化之后的激光测振法测试结果。

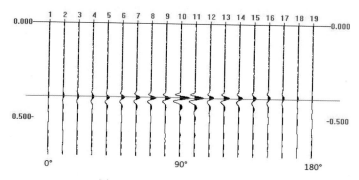

图 3-2-3　指向性测试道集记录

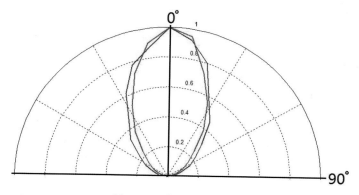

图 3-2-4　指向性测试结果

从图 3-2-4 中可以看出,水中测试与激光测试的结果较为接近,但相比而言,激光测试的结果振幅误差更小,因此得到的指向性结果更加稳定。从指向性结果可以看出,当角度大于 45°后,振幅能量发生急剧的减小。测试得到的换能器指向性结果将是每个探头进行能量补偿的依据,在进行物理模型实验资料处理时,根据指向性进行能量补偿。

（2）探头波形及频谱测试

高质量的换能器应具有宽频带、短余震、高发射功率或灵敏度、高信噪比、大的波束开角等性能,同时必须是小尺寸,多道接收还要求一致性好。但这些性能中常出现相互矛盾。为实现点震源和大的幅射开角,有效的方法是使用球型换能器,但制作直径小于 10 毫米的宽频带窄脉冲比采用减小换能器直径要困难。减小换能器直径是增大幅射开角的另一途径,它的问题是大大降低发射功率和增大附加干扰波。

国产接收探头在模拟实验中精度较低,对实验精度影响较大,选用 6 个进口纵波探头进行了波形及频谱特征分析（表 3-2-1）。

表 3-2-1　测试纵波换能器

序号	名称/规格型号
1	纵波接触式探头 V189-SB 0.5 MHz 晶片直径:38 mm
2	纵波接触式探头 V101-SB 0.5 MHz 晶片直径:25 mm
3	纵波接触式探头 V192-SB 1.0 MHz 晶片直径:38 mm
4	纵波接触式波探头 V102-SB 1.0 MHz 晶片直径:25 mm
5	双晶纵波探头 D7105 1.0 MHz 晶片直径:1.0"
6	双晶纵波探头 D7201 0.5 MHz 晶片直径:1.0"

超声测试系统:

信号激发器:OLYMPUS 5077PR SQUARE WAVE PULSER;

信号接收器:OLYMPUS 5077PR SQUARE WAVE RECEIVER;

数字示波器:Tektronix TDS2012 100 MHz 1 GS/s;

测试参数设置:

脉冲设置:ENERGY-4,DAMPING-500;

接收器设置:ATTN-44dB,GAIN-40dB;

放大器设置:GAIN-0dB。

其他测试条件:

工作电脑:内含相应的采集软件;

测试条件:常温常压。

从图 3-2-5 的测试结果看,进口高精度探头的波形周期短,在一个周期内呈现出一波峰一波谷的相位特征,其他干扰相位能量很小,基本不会对初至识别造成影响。在频谱特征上,频率峰值与探头标示主频对应关系好,频带分布均匀。以上均确保了模型实验数据的准确性。

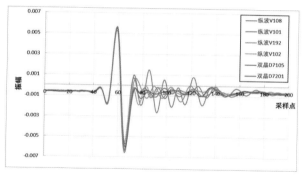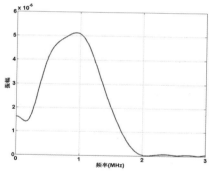

图 3-2-5 纵波探头波形对比图（左）及纵波频谱（右）

2. 应力场三维物理模拟实验数据采集

三维地震物理模型数据采集系统也称三维地震物理模型观测系统，它由震源和接收器的定位系统、模型固定平台或水槽、震源和接收器和信号采集系统（发射、接收、模数转换）等设备组成（图 3-2-6）。

图 3-2-6 高精度大型三维空间定位系统

三维空间定位系统是确保震源和接收器在三维空间任意移动的系统，由两套一样的定位装置组成，一个是震源定位，另一个给接收器定位。每套装置都有 3 个自由度，允许在 X、Y、Z 3 个方向上移动，最大移动范围分别为 2.3 m×2.3 m×1.0 m。每个方向的移动空间精度小于 0.05 mm，用 1 万比 1 的模型比例因子时，相当于野外小于 0.5 m。

定位系统与信号采集系统配合可有两种工作方式：行进模式和步进模式。行进模式是指定位系统在移动中进行数据采集，步进模式是定位系统每走一步，停顿一下，采集一次数据。前者采集速度快而正确性差，后者采集精度高而采集速度慢。行进模式采集时要精确计算准移动距离与采集时间的关系，否则会出现较大的误差。

信号采集系统主要包括脉冲发射器、放大器、模数转换器及微机等几种仪器。这些仪器全由微机控制，并与定位系统配合进行数据采集。

脉冲发射器主要发射电脉冲，它有多种形式，地震物理模型实验中使用的脉冲发射器所发射的电脉冲形态有尖脉冲和脉冲宽度可调的方脉冲两种。不同的实验要求还可用一些特殊的发射器，如大功率脉冲发射器。这些电脉冲加载到发射换能器上使换能器产生一个声波信号（震源）。这个信号（震源）的波形特性不但与脉冲发射器的特性有关，还受换能器本身性能的影响。

低噪声宽频带放大器可使多层模型中底层的弱小反射信号放大,功能更强的放大器可带有一些特殊的处理功能,例如滤波、增益可调等,这项工作有待进一步研究。放大器的性能应该在噪声、带宽和增益三个指标中适当选取,当用动态范围大(16 位)的模数转换器时应重视低噪声的放大器。

使用动态范围大高速模数转换器,大大提高深层反射弱信号的接收精度,通过对比表明在三维物理模型实验中,最好使用 12 位以上的模数转换器。本系统使用了 23 位 10 兆赫(最小采样间隔 0.1 μs)的模数转换器。

微机硬盘是存放大数据量最合适的工具,它具有读取速度快的特点,目前微机的硬盘已完全适用三维模型数据的存放。数据存放格式一般采用 SEG-Y 格式。图 3-2-7 为模型数据原始炮集。

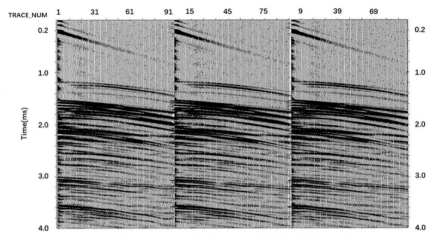

图 3-2-7   物理模型实验地震数据炮集

二、应力场物理模拟的地震处理技术

物理模拟地震数据处理与实际地震数据处理流程基本相似,但也有其特殊性,整体上可分为常规处理和特殊处理两大块。

1. 常规处理技术

常规处理中主要包括观测系统编辑和加载、道编辑、真振幅恢复、滤波、多次波压制、反褶积以及速度分析、抽取 CDP 道集、叠加、偏移成像等步骤。

对原始数据加载观测系统和道编辑后进行一系列的叠前基础处理。振幅补偿主要针对几何扩散和吸收衰减造成的能量损失进行补偿,让深层和远偏移距的能量有所恢复。多次波是在物理模型数据中最为常见的干扰波,因此需要采取一些措施来压制多次波。为了提高地震资料的纵向分辨率,进行了反褶积处理,主要应用地表一致性反褶积和预测反褶积方法,通过反复调试确定反褶积的各个参数,通过合理的反褶积处理后可使子波得到很好的压缩,横向反射能量变得更加均匀,从而使得同向轴更加连续。图 3-2-8 为模型处理过程的常规处理流程。

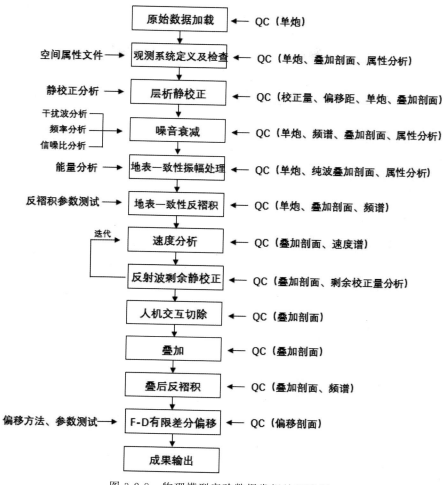

图 3-2-8 物理模型实验数据常规处理流程

2. 特殊处理技术

由于地震物理模型震源等因素特征,采集得到的实验数据与实际地震资料相比,需要进行几项特殊处理,主要包括由于探头特征引起的振幅指向性补偿及波形畸变校正,由于水中采集引起的鬼波分析和多次转换干扰波去除等步骤。

(1)换能器指向性振幅补偿

野外震源的辐射没有指向性,而实验室用换能器作为震源和接收器时,其辐射具有一定的指向性,由实验结果来看,换能器的振幅指向性主要由压电换能器的直径和入射角决定,为了与野外实际地震记录相一致,就必须尽量减少换能器指向性对数据的影响。由于换能器制作工艺和实验室使用换能器频率和尺寸的限制,使得现今还无法从根本上解决指向性问题,故而只能通过补偿和校正的方法来减少其对数据的影响。如今对压电换能器振幅指向性的补偿一般有两种方法,一种是用理论公式进行补偿,另一种是利用实测数据进行补偿。除了补偿因子来源不同,两种补偿方法基本一致,都是通过对指向性系数进行插值得到任意角度的振幅衰减系数,对该系数取倒数便可得补偿因子,将该补偿因子与地震记录相乘可得补偿后的地震数据。上节内容中提到,实测结果能够给出更加准确的振幅指向性,因此利用物理模拟中所使用的换能器进行了指向性水中测试,计算出不同角度上的振幅补偿系数,对模型数据进行了振幅补偿。

图 3-2-9 为一个简单三层水平介质物理模型的原始地震 CMP 道集,利用实测指向性曲线对地震记录进行指向性补偿,可得到图 3-2-10 的结果,由图可以看出,经过换能器指向性补偿后的数据振幅明显增加,尤其是在远偏移距处,可以很明显的识别出有效信号。提取补偿前后振幅随着角度的变化情况,并与理论计算进行了对比,发现补偿后的数据非常接近于理论曲线。因此,振幅指向性补偿,保障了 AVO 特征分析的可行性与数据准确性。

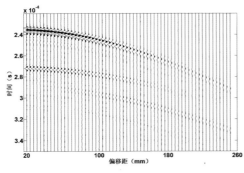 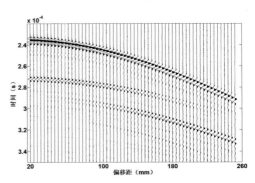

图 3-2-9　原始地震记录　　　　图 3-2-10　实测数据补偿后的地震记录

（2）波形畸变校正

对地震物理模拟而言,在数据采集的过程中一般都用压电超声换能器做震源和接收器,而压电换能器的性能对数据有着显著的影响,尤其是对数据的采集。其具体表现除了本书前面提到的换能器子波影响和振幅指向性影响外,还有换能器波形畸变对数据的影响。换能器波形畸变这一现象是近期才被提出来的,相关的研究内容很少,但这种现象真实存在,其具体表现为用压电换能器做激发源和接收器时在不同偏移距上接收到的波形会发生畸变,这一畸变并非由模型的衰减引起,而是由换能器本身的辐射特性引起的。这一现象会使地震资料的主频降低,带宽减小,分辨率严重下降,对远偏移距的数据影响尤为显著。随着地震勘探精细化发展和对高质量地震资料的需求,换能器波形畸变对实验室地震物理模型采集数据应用的影响越来越大,地震物理模型技术的进一步发展,解决换能器波形畸变是必不可少的一个环节。

换能器波形畸变现象可以等效为随着角度增大时的低通滤波,即换能器本身就是一个低通滤波器,其在作为地震物理模拟实验中的震源和接收器的时候,会对其激发的超声波进行低通滤波作用,使得接收到的信号高频被削弱,从而导致波形发生畸变,模拟的地震记录不能直接对应于野外的真实地震记录。通过对其作用原理的了解,可以依此进行畸变校正。校正的基本原理就是反滤波,或者称为反褶积的思想,即将换能器滤掉的高频信号进行恢复,而这一校正思想的重点就是求取其反滤波因子,只要得到其反滤波因子,就可以对采集的地震记录进行反滤波处理,从而实现对换能器波形畸变的校正。换能器本身的滤波器是一个低通滤波器,但是这个滤波器比较复杂,具有多个零点,若是直接取倒数求其频率域反滤波因子,则一定会出现极大值点,导致反滤波因子不稳定,所以要先对其进行相关的处理,才能求得其反滤波因子。

对于反滤波因子的求取,采取对其取上包络的方法得到滤波因子的近似光滑函数,而后对其求取倒数并进行处理,最后通过反傅里叶变换得到其反滤波因子,具体的处理流程见图 3-2-11。

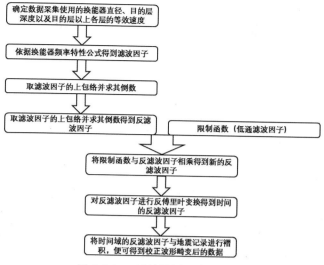

图 3-2-11 反滤波因子求取流程

图 3-2-12 所示的是物理模型单道地震数据在波形畸变校正前后的波形及其频谱。两道数据除了偏移距不一样外，其他的参数都完全一致，图 3-2-12a 是偏移距为 40 mm 的近偏移距数据，图 3-2-12b 为该道数据在波形畸形校正前后的频谱对比。可见对近偏移距校正前后的数据，其波形和频谱基本都没有变化，也就是当入射角较小时，换能器波形畸变现象很弱，对数据的处理和解释基本没有影响；图 3-2-12c 为偏移距为 280 mm 的远偏移距数据，图 3-2-12b 为该道数据在波形畸形校正前后的频谱对比。对比远偏移距校正前后的数据，其波形和频谱上都有明显的变化，在波形上，信号略被压缩，在频谱上其主频有所提高，带宽也有所增加，说明了校正的有效性。

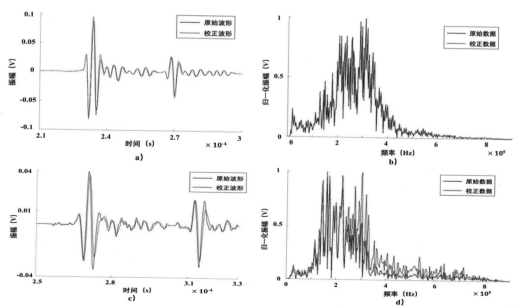

图 3-2-12 实测数据波形畸变校正结果，近偏移距 a)波形 b)频谱，远偏移距 c)波形 d)频谱

（3）鬼波分析

在地震物理模拟中,震源是产生超声波的压电换能器。与实际地震勘探中炸药震源不同,换能器产生的波场不仅向前方传播,同时会产生一个向反方向传播的波场,这种向后传播的波场会产生类似于海上采集时虚震源现象,在地震物理模型数据中产生鬼波。

实验中用到上节提到的物理模型采集设备,将一块有机玻璃板作为模型,研究激发和接收换能器入水深度与鬼波的关系,采集示意图如图 3-2-13 所示。开始使激发换能器和接收换能器均位于刚接触水面处,并设置炮检距为 16 mm 不变,然后使激发换能器和接收换能器同时下降,每次下降 0.2 mm,这样采集 50 道后,将所有道的数据显示在同一剖面内,并将反射波部分单独显示,如图 3-2-14 所示。根据几何知识能够得知在该观测系统下鬼波到达的时间是不变的,从而能够在图中识别出鬼波。从图中可以看出,换能器入水深度为 0 mm 时没有鬼波出现;随着换能器入水深度的增加,在 26 道的时候鬼波开始与一次反射波分开,也就表明当换能器在水面下 5.2 mm 的时候,地震剖面上开始出现明显的鬼波反射轴。由此可以得出结论,换能器的入水深度越深,鬼波同相轴越明显,对地震剖面的影响越大。在水中进行物理模型数据的采集时主要保证换能器与水面刚刚耦合到一起,在不影响超声波传播的前提下换能器入水深度越小,就可将鬼波对剖面的影响降低到最小。

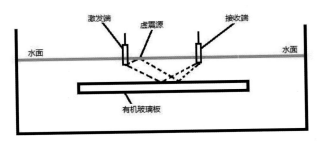

图 3-2-13　地震物理模型数据采集中虚震源示意图

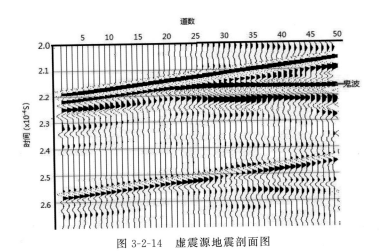

图 3-2-14　虚震源地震剖面图

（4）多次转换干扰波分析

随着物理模型和数据采集技术的发展,多层及复杂构造物理模型中的波场信息变得更加丰富和复杂。在物理模型单炮记录上有一种特殊的干扰波,这种波既不是多次反射波,也不是 P-S 转换波,零偏移距时与反射波旅行时的时差很小,在中远偏移距上与其他反射界面的有效波发生交叉,如图 3-2-15(a)所示。图 3-2-15(b)为动校正之后的 CDP 道集,可见这种特殊的干扰波很难被校平,而且会与界面的一次反射波交叉,影响到有效波的 AVO 特征分析。这种特殊的干扰波在多层物理模型的地震记录中经常出现。

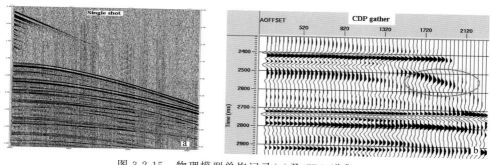

图 3-2-15 物理模型单炮记录(a)及 CDP 道集(b)

图 3-2-16 为波传播路径示意图。激发出这种干扰波的横波首先由入射纵波在界面处转换而来,即先经历了 P-S 转换;随后又在下一界面上经历了 S-P 转换。干扰波的能量在埋深较浅的反射界面附近比较强,其原因在于物理模型的各层介质之间波阻抗差异较大,在界面发生反射的同时有很大一部分能量透射进入下层,透射的 S 波在遇到下一界面后又转换为 P 波反射上来。

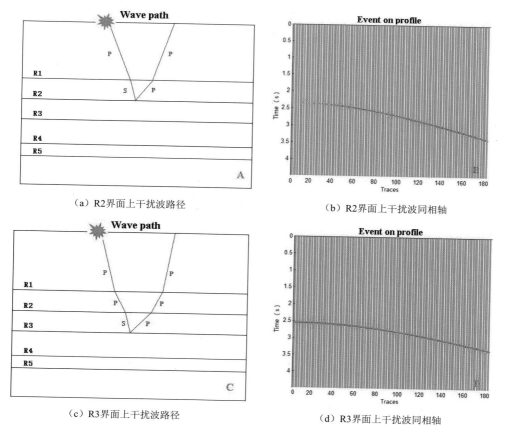

(a)R2界面上干扰波路径　　　　　　　　(b)R2界面上干扰波同相轴

(c)R3界面上干扰波路径　　　　　　　　(d)R3界面上干扰波同相轴

图 3-2-16 干扰波传播路径及相应的同相轴

实际上,在模型内部固-固界面上,存在着多次转换方式的干扰波。由上层界面透射而来的纵波或者横波都会在下层界面上产生转换现象。仍然以界面 R3 为例,图 3-2-17 给出了反射纵波及其他可能的干扰波传播路径。

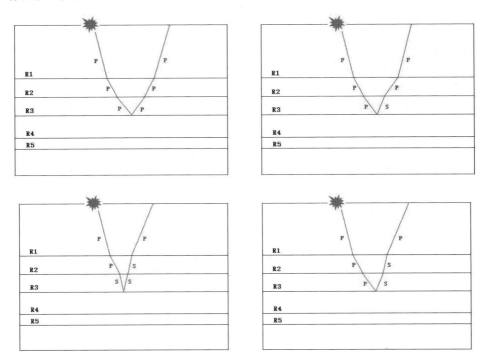

图 3-2-17   R3 界面上可能的干扰波路径

以上分析确定了经历过多次转换过程的干扰波,每个界面上产生的不同路径的干扰波与有效波存在着时差关系。根据物理模型各层参数以及传播路径,可以确定干扰波与有效波在不同偏移距上的旅行时差范围,通过 Radon 滤波将这种干扰波从波场中去除。图 3-2-14 为 Radon 滤波前后的 CDP 道集,可见能量较强的干扰波被有效去除。

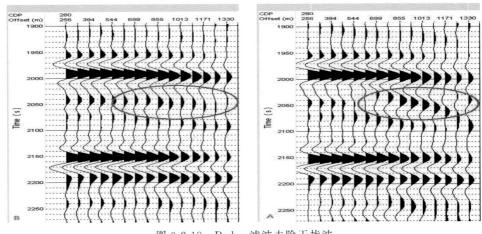

图 3-2-18   Radon 滤波去除干扰波

第三节　应力场三维物理模拟的实验分析

一、水平单应力模型实验

1. 均匀介质模型

该组模型共制作 3 个模型,分别模拟强度为小、中、大的砂岩储层在不同地应力情况下的地震响应特征(模型编号分别为 H5、H15、H35)。模型参数如表 3-3-1 所示。模拟水平单方向地应力,应力大小为 1.5 MPa 增加至 2.55 MPa,应力间隔为 0.15 MPa。采用间隔 30°进行方位采集的三维观测系统进行数据采集,如图 3-3-1 所示。在进行资料采集处理后,提取不同方位数据的旅行时和振幅信息进行地震响应特征的分析。

表 3-3-1　水平单应力均质介质模型目的层参数表

模型编号	强度	纵波速度(m/s)	横波速度(m/s)	密度(g/cm³)
H5	小	1 520	956	1.22
H15	中	1 985	1 177	1.41
H35	大	2 561	1 565	1.59

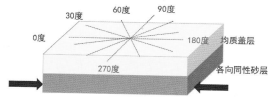

图 3-3-1　三维观测系统

观测系统:

炮线数:7 线

炮数:120

炮间距:20 m

最小偏移距:200 m

采样点数:5 000

单方向施加应力

炮道数:200

道数:151

道间距:10 m

最大偏移距:1 700 m

采样间隔:0.8 ms

(1) 处理结果

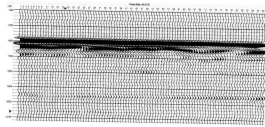

(a) H5模型0°方位角1.5 MPa应力值下地震剖面　　　(b) H5模型0°方位角1.65 MPa应力值下地震剖面

图 3-3-2　H5 模型 0°方位角不同应力值下地震剖面

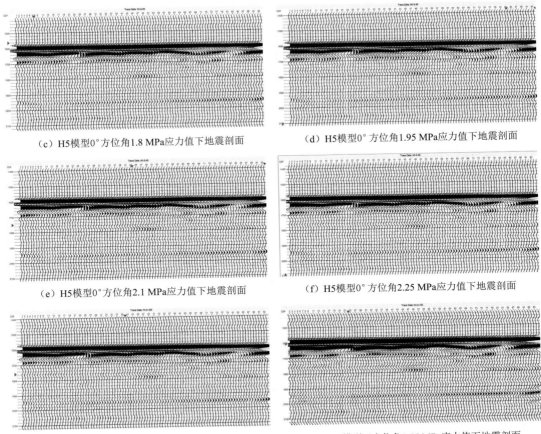

（c）H5模型0°方位角1.8 MPa应力值下地震剖面　　　　（d）H5模型0°方位角1.95 MPa应力值下地震剖面

（e）H5模型0°方位角2.1 MPa应力值下地震剖面　　　　（f）H5模型0°方位角2.25 MPa应力值下地震剖面

（g）H5模型0°方位角2.4 MPa应力值下地震剖面　　　　（g）H5模型0°方位角2.55 MPa应力值下地震剖面

续图 3-3-2　H5 模型 0°方位角不同应力值下地震剖面

（2）旅行时提取

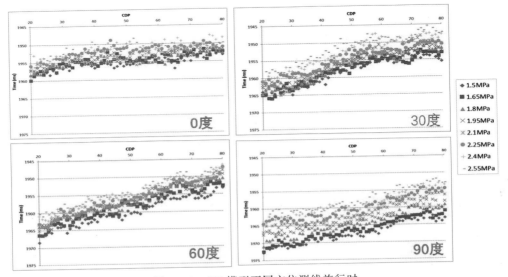

图 3-3-3　H5 模型不同方位测线旅行时

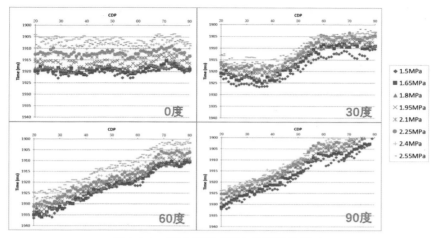

图 3-3-4　H15 模型不同方位测线旅行时

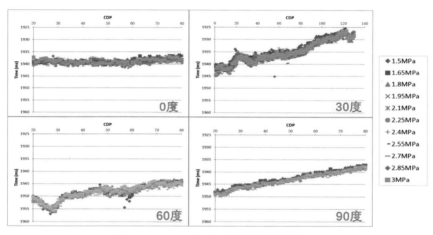

图 3-3-5　H35 模型不同方位测线旅行时

（3）振幅提取

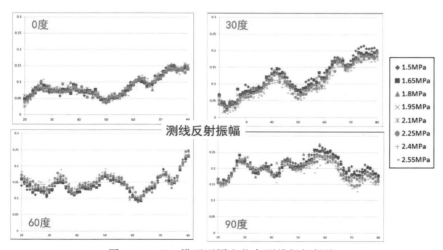

图 3-3-6　H5 模型不同方位角测线振幅提取

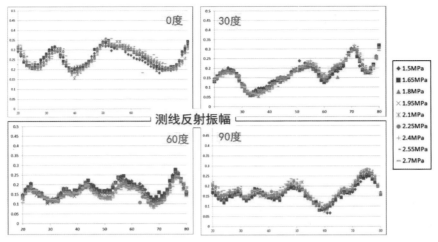

图 3-3-7　H15 模型不同方位角测线振幅提取

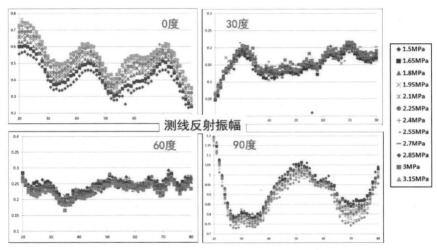

图 3-3-8　H35 模型不同方位角测线振幅提取

（4）各向异性特征分析

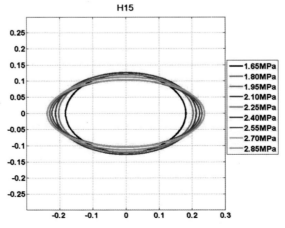

图 3-3-9　H15 模型振幅椭圆拟合

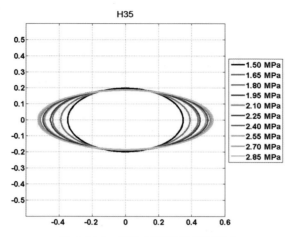

图 3-3-10 H35 模型振幅椭圆拟合

根据图 3-3-2～3-3-10,可得出以下结论:当水平方向单应力增大时,随着均匀介质强度逐渐增大,反射振幅能够更好地反映地应力的变化。介质强度越大,随地应力增大,纵波各向异性系数 ε 越大。变化过程非线性,为先显著增大后缓慢增大的变化趋势。

2. 各向异性介质模型

该组模型共制作 1 个模型,模拟具有固有各向异性特征砂岩储层在不同地应力情况下的地震响应特征。模型参数如表 3-3-2 所示。采用间隔 45°进行方位采集的三维观测系统进行数据采集,如图 3-3-11 所示。模拟水平单方向地应力,应力大小为 1.5 MPa 增加至 3.5 MPa,应力间隔为 0.25 MPa。分别提取了不同方位采集数据的旅行时和振幅信息进行地震响应特征的分析。

表 3-3-2 水平单应力各向异性介质模型目的层参数

	纵波速度(m/s)	横波速度(m/s)
长轴方向	3 520	1 921
短轴方向	2 685	1 497

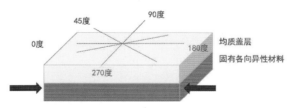

图 3-3-11 各向异性介质模型三维观测系统

观测系统:

炮线数:5 线   炮道数:200

炮数:120   道数:161

炮间距:20 m   道间距:10 m

最小偏移距:200 m   最大偏移距:1 800 m

采样点数:6 000   采样间隔:0.8 ms

单方向施加应力

（1）处理结果

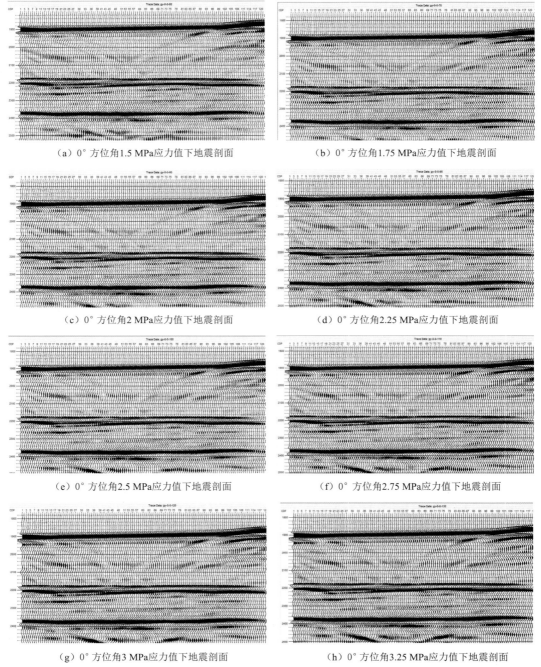

（a）0°方位角1.5 MPa应力值下地震剖面　　　（b）0°方位角1.75 MPa应力值下地震剖面

（c）0°方位角2 MPa应力值下地震剖面　　　（d）0°方位角2.25 MPa应力值下地震剖面

（e）0°方位角2.5 MPa应力值下地震剖面　　　（f）0°方位角2.75 MPa应力值下地震剖面

（g）0°方位角3 MPa应力值下地震剖面　　　（h）0°方位角3.25 MPa应力值下地震剖面

图 3-3-12　各向异性介质模型 0°方位角不同应力值下地震剖面

（2）旅行时提取

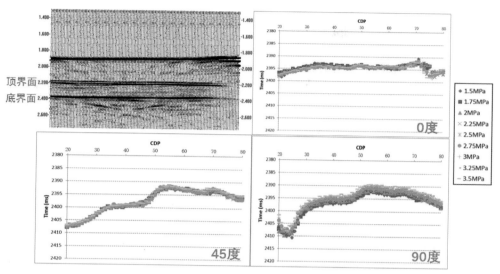

图 3-3-13　各向异性介质模型的反射旅行时对比

（3）振幅提取

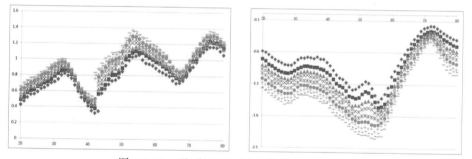

图 3-3-14　顶、底界面 0°方位角测线振幅对比

（4）各向异性特征分析

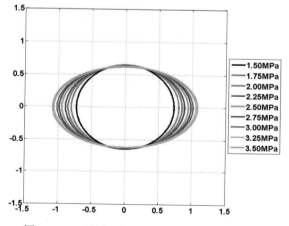

图 3-3-15　顶界面振幅各向异性特征椭圆拟合

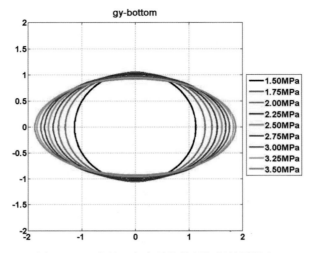

图 3-3-16　底界面各向异性特征振幅椭圆拟合

根据图 3-3-12 至图 3-3-16,可得出以下结论:对于固有各向异性介质,随着地应力增加,反射振幅能够很好地反映地应力的变化。随地应力增大,纵波各向异性系数 ε 变大,变化过程非线性。各向异性介质底界面比顶界面对地应力的响应更加明显。

3. 裂缝介质模型

该组模型共制作 1 个模型,模拟具有垂直裂缝的砂岩储层在不同地应力情况下的地震响应特征。模拟砂层速度参数如表 3-3-3 所示。

表 3-3-3　模型速度参数

	纵波速度(m/s)	横波速度(m/s)
沿裂缝方向	1 650	1 025
垂直裂缝方向	1 421	890

采用间隔 45°进行方位采集的三维观测系统进行数据采集,如图 3-3-17 所示。模拟水平单方向地应力,应力大小为 2 MPa 增加至 3.25 MPa,应力间隔为 0.25 MPa。分别提取了不同方位采集数据的旅行时和振幅信息进行地震响应特征的分析。

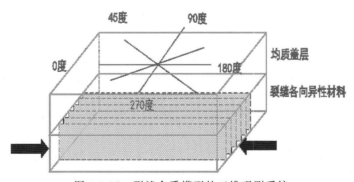

图 3-3-17　裂缝介质模型的三维观测系统

观测系统:

炮线数:5 线　　　　　　　　　　炮道数:200

炮数:120 道数:161

炮间距:20 m 道间距:10 m

最小偏移距:200 m 最大偏移距:1 800 m

采样点数:6 000 采样间隔:0.8 ms

（1）处理结果

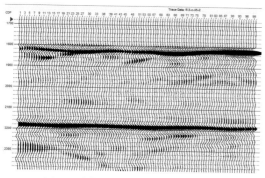

（a）45°方位角测线2 MPa应力值下地震剖面

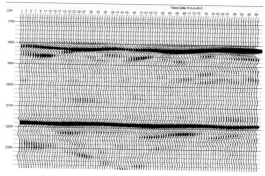

（b）45°方位角测线2.25 MPa应力值下地震剖面

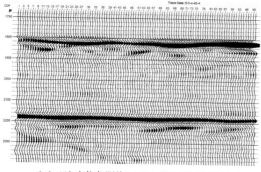

（c）45°方位角测线2.5 MPa应力值下地震剖面

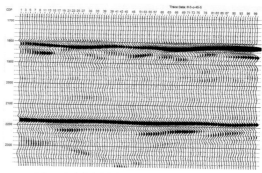

（d）45°方位角测线2.75 MPa应力值下地震剖面

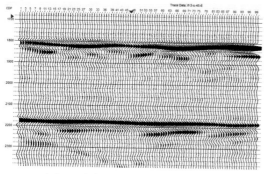

（e）45°方位角测线3 MPa应力值下地震剖面

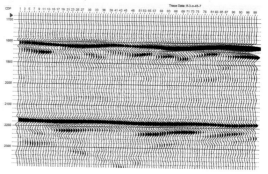

（f）45°方位角测线3.25 MPa应力值下地震剖面

图 3-3-18　各向异性介质模型 45°方位角不同应力值下的地震剖面

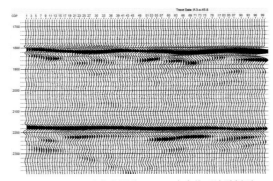

（g）45°方位角测线3.5 MPa应力值下地震剖面

续图 3-3-18　各向异性介质模型 45°方位角不同应力值下的地震剖面

（2）旅行时提取

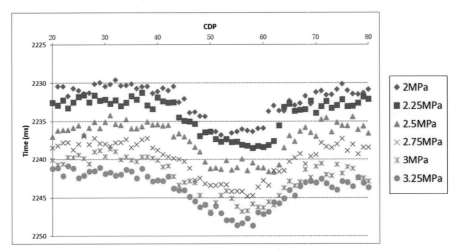

图 3-3-19　0°方位角测线不同应力旅行时对比

（3）振幅提取

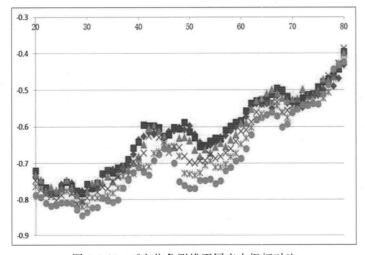

图 3-3-20　0°方位角测线不同应力振幅对比

（4）各向异性特征分析

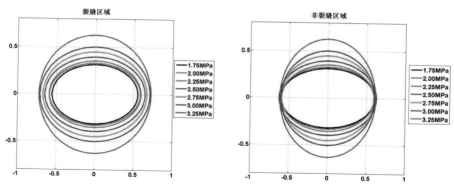

图 3-3-21　裂缝与应力平行时裂缝区域（左）、非裂缝区域（右）振幅椭圆拟合

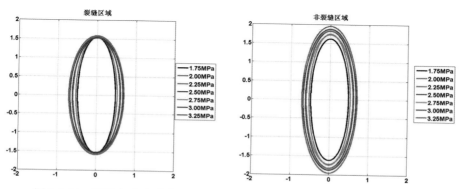

图 3-3-22　裂缝与应力垂直时裂缝区域（左）、非裂缝区域（右）振幅椭圆拟合

根据图 3-3-18 至图 3-3-22，可得出以下结论：当水平方向单应力增大时，对于裂缝介质，当裂缝与应力平行时，随着应力增大，反射振幅能较好地反映地应力变化。0 度与 90 度裂缝区进行各向异性拟合，纵波各向异性系数 ε 变小。0 度与 90 度非裂缝区进行各向异性拟合，纵波各向异性系数 ε 减小至发生极性改变。当裂缝与应力垂直时，随着应力增大，反射振幅仍能较好地反映地应力变化。0 度与 90 度裂缝区进行各向异性拟合，纵波各向异性系数 ε 变小；0 度与 90 度非裂缝区进行各向异性拟合，纵波各向异性系数 ε 呈现增大趋势。

二、应力与构造关系模型实验

该组模型共制作 2 组 6 个模型，模拟不同岩性强度隆起构造（模型编号 G1、G2、G3）及构造裂缝（模型编号 G—LF—1、G—LF—2、G—LF—3）在不同地应力情况下的地震响应特征，模拟砂层速度参数如表 3-3-4 所示。

表 3-3-4　构造模型目的层参数表

模型编号	强度	纵波速度（m/s）	横波速度（m/s）	密度（g/cm³）
G1	小	1 430	856	1.18
G2	中	1 875	1 067	1.35
G3	大	2 341	1 365	1.64

　　图 3-3-23 为三维观测系统图。模拟水平单方向地应力,应力大小为 0.5 MPa 增加至 2.25 MPa,应力间隔为 0.25 MPa。分别提取不同方位采集数据的旅行时和振幅信息进行地震响应特征分析。

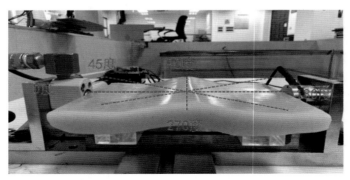

图 3-3-23　三维观测系统

观测系统:

炮线数:5 线	炮道数:300
炮数:120	道数:261
炮间距:20 m	道间距:10 m
最小偏移距:200 m	最大偏移距:2 800 m
采样点数:8 000	采样间隔:0.8 ms

(1)处理结果

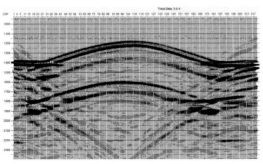

(a)G3模型0.5 MPa应力下地震剖面

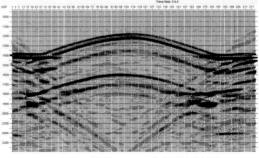

(b)G3模型0.75 MPa应力下地震剖面

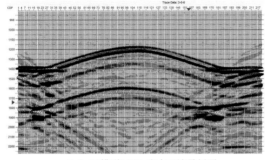

(c)G3模型1 MPa应力下地震剖面

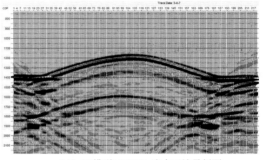

(d)G3模型1.25 MPa应力下地震剖面

图 3-3-24　G3 模型不同应力下地震剖面

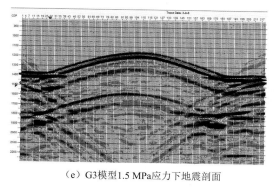

（e）G3模型1.5 MPa应力下地震剖面

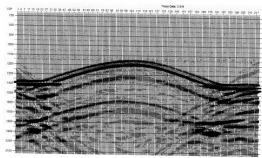

（e）G3模型1.75 MPa应力下地震剖面

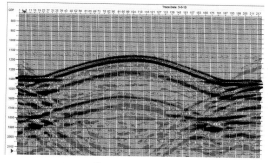

（g）G3模型2 MPa应力下地震剖面

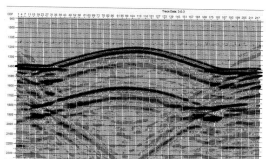

（h）G3模型2.25 MPa应力下地震剖面

续图 3-3-24　G3 模型不同应力下地震剖面

（2）旅行时提取

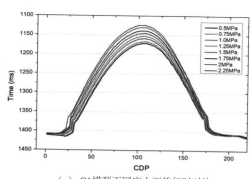

（a）G1模型不同应力下旅行时对比

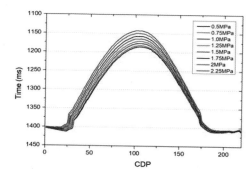

（b）G2模型不同应力下旅行时对比

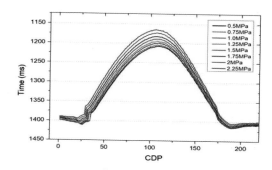

（c）G3模型不同应力下旅行时对比

图 3-3-25　不同模型不同应力下的旅行时对比图

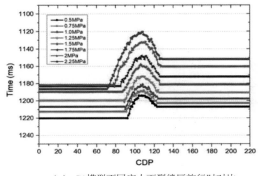

（a）G1模型不同应力下裂缝区旅行时对比

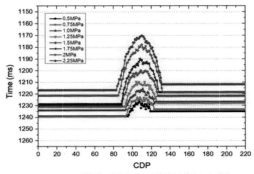

（b）G2模型不同应力下裂缝区旅行时对比

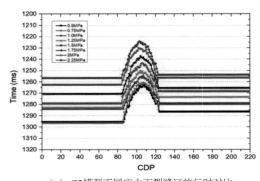

（c）G3模型不同应力下裂缝区旅行时对比

图 3-3-26   不同模型不同应力下的裂缝区旅行时对比

根据图 3-3-24 至图 3-3-26,可得出以下结论:随应力增大,构造顶底界面旅行时变化幅度接近,底界面振幅变化幅度明显大于顶界面。隆起构造容易在底部形成应力集中,引起物性参数明显变化,最终导致振幅变化。应力集中与构造样式有着密切关系;构造裂缝振幅对地应力不敏感,走时对地应力敏感。软地层中,裂缝区同相轴随应力增加,CDP 范围也随着增加。地层硬度增强时,裂缝区 CDP 范围基本不变。

三、应力与裂缝夹角模型实验

该组模型共制作 4 个模型,模拟应力和裂缝走向夹角分别为 0°、30°、60°、90°时不同地应力情况下的地震响应特征,模拟砂层速度参数如表 3-3-5 所示。

表 3-3-5   模型速度参数

	纵波速度（m/s）	横波速度（m/s）
沿裂缝方向	2 150	1 265
垂直裂缝方向	1 942	1 187

图 3-3-27 为三维观测系统图。模拟水平单方向地应力,应力大小为 1.5 MPa 增加至 2.5 MPa,应力间隔为 0.25 MPa。分别对应力与裂缝夹角为 0°、30°、60°、90°方位采集数据的旅行时和振幅信息进行地震响应特征分析,并提取 4 个模型不同方位角实验数据的旅行时及振幅特征进行分析。

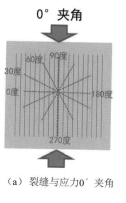
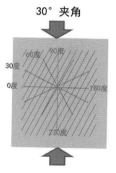

（a）裂缝与应力0°夹角　　　　　　（b）裂缝与应力0°夹角

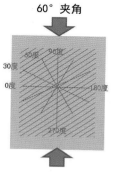

（c）裂缝与应力0°夹角　　　　　　（d）裂缝与应力0°夹角

图 3-3-27　三维观测系统

观测系统：

炮线数：13 线　　　　　　　　　　炮道数：200

炮数：220　　　　　　　　　　　　道数：181

炮间距：20 m　　　　　　　　　　道间距：10 m

最小偏移距：200 m　　　　　　　　最大偏移距：2 000 m

采样点数：7 000　　　　　　　　　采样间隔：0.8 ms

（1）处理结果

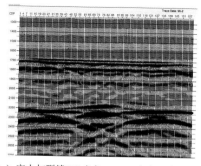
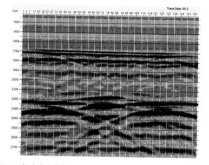

（a）应力与裂缝90°夹角0.5 MPa应力下地震剖面　　（b）应力与裂缝90°夹角0.75 MPa应力下地震剖面

图 3-3-28　应力与裂缝 90°夹角时不同应力下的地震剖面

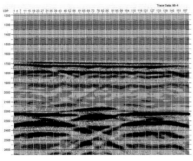

（c）应力与裂缝90°夹角1 MPa应力下地震剖面

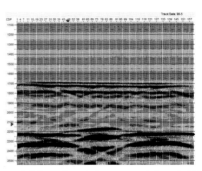

（d）应力与裂缝90°夹角1.25 MPa应力下地震剖面

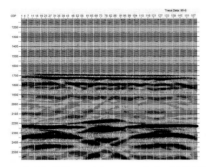

（e）应力与裂缝90°夹角1.5 MPa应力下地震剖面

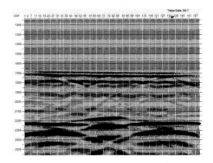

（f）应力与裂缝90°夹角1.75 MPa应力下地震剖面

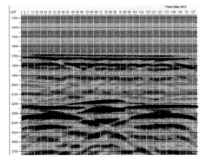

（g）应力与裂缝90°夹角2 MPa应力下地震剖面

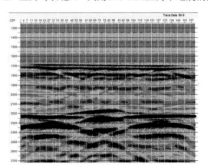

（h）应力与裂缝90°夹角2.25 MPa应力下地震剖面

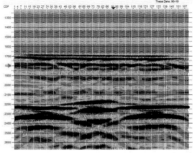

（i）应力与裂缝90°夹角2.5 MPa应力下地震剖面

续图 3-3-28　应力与裂缝 90°夹角时不同应力下的地震剖面

（2）旅行时提取

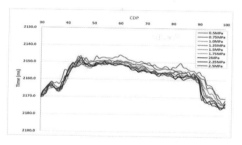

（a）应力与裂缝0°夹角时不同应力下旅行时对比

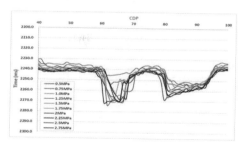

（b）应力与裂缝30°夹角时不同应力下旅行时对比

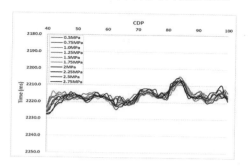

（c）应力与裂缝60°夹角时不同应力下旅行时对比

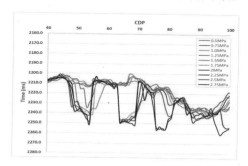

（d）应力与裂缝90°夹角时不同应力下旅行时对比

图 3-3-29　应力与裂缝不同夹角时不同应力下旅行时对比

（3）振幅提取

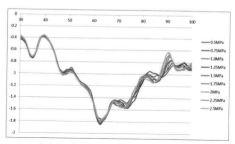

（a）应力与裂缝0°夹角时不同应力下振幅对比

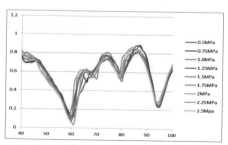

（b）应力与裂缝30°夹角时不同应力下振幅对比

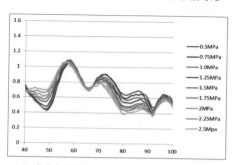

（c）应力与裂缝60°夹角时不同应力下振幅对比

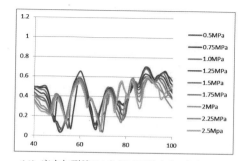

（d）应力与裂缝90°夹角时不同应力下振幅对比

图 3-3-30　应力与裂缝不同夹角时不同应力下振幅对比

（4）各向异性特征分析

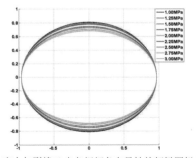 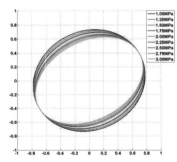

（a）应力与裂缝0°夹角振幅各向异性特征椭圆拟合　　（b）应力与裂缝30°夹角振幅各向异性特征椭圆拟合

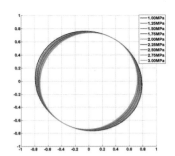 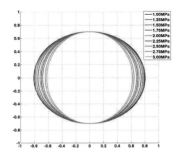

（c）应力与裂缝60°夹角振幅各向异性特征椭圆拟合　　（d）应力与裂缝90°夹角振幅各向异性特征椭圆拟合

图 3-3-31　应力与裂缝不同夹角时振幅各向异性特征椭圆拟合

根据图 3-3-28 至图 3-3-31，可得出以下结论：对于裂缝介质，裂缝走向对各向异性特征影响大于地应力影响，椭圆特征主要取决于裂缝方位；随着裂缝与地应力夹角增大，椭圆拟合长轴方向与夹角保持一致。

四、水平应力差模型实验

该组模型共制作 3 个模型（YLC－JZ、YLC－GXYX、YLC－LF），模型目的层分别为均质、各向异性及裂缝介质。保持水平侧方向应力为最大，逐渐增大主方向应力，模拟不同水平应力差情况下地震响应特征，砂层速度参数如表 3-3-6 所示。

表 3-3-6　水平应力差模型参数

模型编号	纵波速度（m/s）	横波速度（m/s）	密度（g/cm³）
JZ	2210	1325	1.24
GXYX	3214	1564	1.61
LF	1980	1098	1.18

图 3-3-32 为三维观测系统图。模拟水平两方向地应力，侧应力保持 2.25 MPa 最大值，主应力大小为 1 MPa 增加至 2.25 MPa，应力间隔为 0.15 MPa。分别提取了 0°、30°、60°、90°方位采集数据的旅行时和振幅信息进行地震响应特征分析。

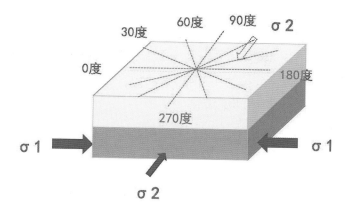

图 3-3-32　三维观测系统图

观测系统：

炮线数：13 线

炮数：180

炮间距：20 m

最小偏移距：200 m

采样点数：6 000

炮道数：221

道数：201

道间距：10 m

最大偏移距：2 200 m

采样间隔：0.8 ms

（1）处理结果

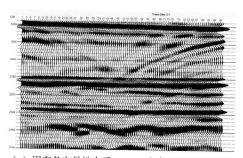

（a）固有各向异性介质1.0 MPa应力下模型地震剖面

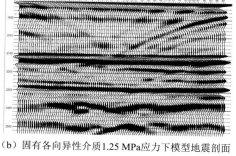

（b）固有各向异性介质1.25 MPa应力下模型地震剖面

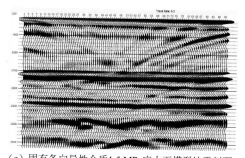

（c）固有各向异性介质1.5 MPa应力下模型地震剖面

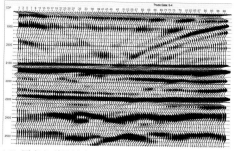

（d）固有各向异性介质1.75 MPa应力下模型地震剖面

图 3-3-33　固有各向异性介质不同应力下模型地震剖面

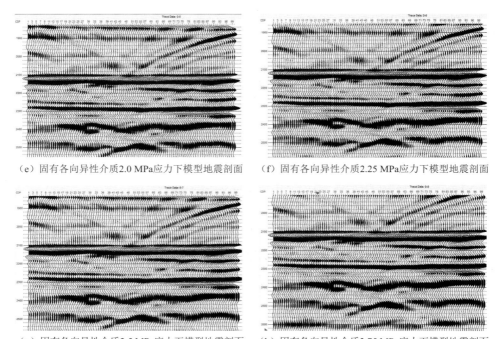

（e）固有各向异性介质2.0 MPa应力下模型地震剖面　　（f）固有各向异性介质2.25 MPa应力下模型地震剖面

（g）固有各向异性介质2.5 MPa应力下模型地震剖面　　（h）固有各向异性介质2.75 MPa应力下模型地震剖面

续图 3-3-33　固有各向异性介质不同应力下模型地震剖面

（2）旅行时提取

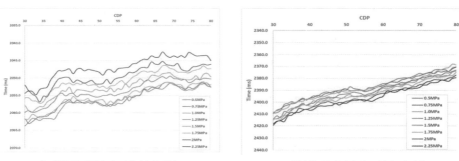

（a）均质模型不同应力下旅行时对比　　　　　　　（b）裂缝模型不同应力下旅行时对比

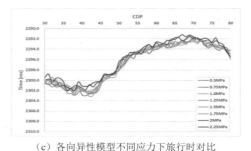

（c）各向异性模型不同应力下旅行时对比

图 3-3-34　不同模型不同应力下旅行时对比

（3）振幅提取

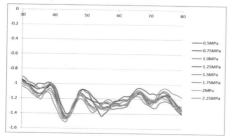

（a）均质模型不同应力下振幅对比

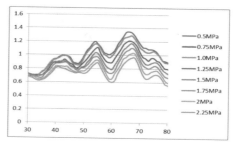

（b）裂缝模型不同应力下振幅对比

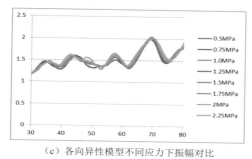

（c）各向异性模型不同应力下振幅对比

图 3-3-35　不同模型不同应力下振幅对比

（4）各向异性特征分析

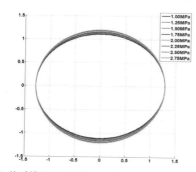

（a）均质模型不同应力下各向异性特征振幅椭圆拟合

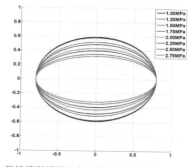

（b）裂缝模型不同应力下各向异性特征振幅椭圆拟合

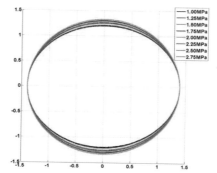

（c）各向异性模型不同应力下各向异性特征振幅椭圆拟合

图 3-3-36　不同模型不同应力下各向异性特征振幅椭圆拟合

根据图 3-3-33 至图 3-3-36,可得出以下结论:在水平应力差逐渐变化时,最大应力方向走时及振幅几乎不受应力差的影响,而最小应力方向随着应力差的改变振幅发生明显变化;随着水平两方向应力差的增大,裂缝介质的各向异性特征发生明显变化,均质及各向异性介质变化微弱。

致密油藏储层地应力地震预测技术 >>>

第一节 二维地应力的数值模拟方法

目前,地应力研究及应用受到国内外石油界的普遍重视,特别是对于储层物性相对较差的致密油藏,往往需要对地层进行压裂改造以获得稳定的产能,因此地应力的研究尤为重要。认识油气储集区域的现今地应力的大小和方位,是油气田开发井网布署、调整开发方案设计的必要条件,也是油气层压裂改造的重要参考依据。所以,正确认识目标区地层地应力的分布规律,包括其作用的方向和数值大小是极为重要的。

目前获取地应力数据的手段主要有两种:一种是地应力测试,这是获取地应力数据最直接的手段;另一种是地应力模拟和计算。地应力测试理论上讲精度较高,但是地应力的实际测试一般都只能确定单点的应力状态,不能得到连续的地应力剖面。地层内地应力场仍无法确定,只能根据实测点予以推断和估计。另外,地应力测试成本高,并非所有地层都可以进行地应力的测试。地应力计算较之应力测量更方便、经济,可以得到连续的地应力剖面,有着广阔的发展前景。目前地应力场的计算方法有测井资料计算、数值模拟等多种方法。

其中,测井资料求取地应力方法具有方便易于推广的特点,但受测井时井下环境的影响,这种间接计算的地应力值与地层实际的地应力值仍有一定的偏差。为了能更真实地反映地应力场分布情况,有必要结合其他方法对测井计算出的地应力结果进行校正。本次利用薄板理论来进行致密油藏储层地应力场地震预测。

一、基本原理及流程

1. 基于薄板理论计算地应力原理

假设研究地层是均匀连续、各向同性、完全弹性的,并认为地层的形成完全由构造应力所形成。设定以薄板中面为 $z=0$ 的坐标面,规定按右手规则,以平行于大地坐标为 X、Y 坐标,以向上为正。沿 X、Y 正方向的位移分别为 μx、μy,沿 Z 方向的位移为扰度 $w(x,y)$(图 4-1-1)。

在直角坐标系中,薄板弯曲变形几何方程以

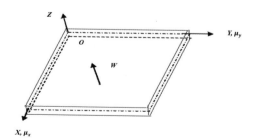

图 4-1-1 薄板理论中的参数示意图

中面挠度 $W(x,y)$ 表示如下：

$$\varepsilon_x = \frac{\partial \mu_x}{\partial x}, \varepsilon_y = \frac{\partial \mu_y}{\partial y}, \gamma_{xy} = \left(\frac{\partial \mu_x}{\partial y} + \frac{\partial \mu_y}{\partial x}\right), \varepsilon_z = \frac{\partial \mu_z}{\partial z}$$

$$\gamma_{xz} = \left(\frac{\partial \mu_x}{\partial z} + \frac{\partial \mu_z}{\partial x}\right), \gamma_{yz} = \left(\frac{\partial \mu_z}{\partial y} + \frac{\partial \mu_y}{\partial z}\right) \tag{4-1-1}$$

$$\mu_z = w$$

由薄板理论可知，有 $\mu_x = z \dfrac{\partial w}{\partial x}, \mu_y = z \dfrac{\partial w}{\partial y}$，

且有 $\varepsilon_x = z \dfrac{\partial^2 \mu_x}{\partial x^2}, \varepsilon_y = z \dfrac{\partial^2 \mu_y}{\partial y^2}, \gamma_{xy} = 2z \dfrac{\partial^2 w}{\partial x \partial y}$

定义曲率变形分量：$\kappa_x = -\dfrac{\partial^2 w}{\partial x^2}, \kappa_y = -\dfrac{\partial^2 w}{\partial y^2}, \kappa_{xy} = -\dfrac{\partial^2 w}{\partial x \partial y}$

因此，应变分量可写为：$\varepsilon_x = -z\kappa_x, \varepsilon_y = -z\kappa_y, \gamma_{xy} = -2z\kappa_{xy}$

物理本构关系（广义胡克定律）

$$\varepsilon_x = \frac{1}{E}[\sigma_x - v(\sigma_y + \sigma_z)], \gamma_{xy} = \frac{2(1+v)}{E}\tau_{xy}$$

$$\varepsilon_y = \frac{1}{E}[\sigma_y - v(\sigma_x + \sigma_z)], \gamma_{xz} = \frac{2(1+v)}{E}\tau_{xz}$$

$$\varepsilon_z = \frac{1}{E}[\sigma_z - v(\sigma_y + \sigma_x)], \gamma_{yz} = \frac{2(1+v)}{E}\tau_{yz} \tag{4-1-2}$$

其逆关系为：

$$\sigma_x = 2G\varepsilon_x + \lambda\theta, \tau_{xy} = G\gamma_{xy}$$

$$\sigma_y = 2G\varepsilon_y + \lambda\theta, \tau_{yz} = G\gamma_{yz}$$

$$\sigma_z = 2G\varepsilon_z + \lambda\theta, \tau_{xz} = G\gamma_{xz} \tag{4-1-3}$$

式中：λ——拉梅（Lame）常数；

　　　G——剪切模量（Shear modulus）；

　　　E——杨氏模量（Yong modulus）；

　　　θ——体积应变。

将式 4-1-2 代入，得到：

$$\sigma_x = \frac{E}{1-v^2}(\varepsilon_x + v\varepsilon_y), \sigma_y = \frac{E}{1-v^2}(\varepsilon_y + v\varepsilon_x), \tau_{xy} = \frac{1}{G}\gamma_{xy} \tag{4-1-4}$$

因而有：

$$\sigma_x = -\frac{E_z}{1-v^2}(k_x + vk_y), \sigma_y = -\frac{E \cdot Z}{1-v^2}(k_y + vk_x), \tau_{xy} = -\frac{2}{G}k_{xy} = -\frac{E_z}{(1+v)}k_{xy} \tag{4-1-5}$$

将地层厚度 $t = 2z$ 代入式 4-1-5，得到由曲率分量表示的地层面上的应力分量：

$$\sigma_x = -\frac{Et}{2(1-v^2)}(k_x + vk_y), \sigma_y = -\frac{Et}{2(1-v^2)}(k_y + vk_x), \tau_{xy} = -\frac{Et}{2(1+v)}k_{xy} \tag{4-1-6}$$

由式 4-1-6 可知，当地层面向上凸时，曲率大于零，正好对应上凸地层面受拉张应力，张应力为正。为了与地质力学符号相符，这里采用压应力为正，张应力为负的符号约定。

曲率小于零,表示地层上凸。

求出该点沿坐标的应力后,就可求出其主应力及其方向:

$$\sigma_{\max}=\frac{\sigma_x+\sigma_y}{2}+\sqrt{\frac{\sigma_x+\sigma_y}{2}^2+\tau_{xy}^2}\ ,\sigma_{\max}=\frac{\sigma_x+\sigma_y}{2}-\sqrt{\frac{\sigma_x+\sigma_y}{2}^2+\tau_{xy}^2} \tag{4-1-7}$$

$\sigma_{\max}$ 与 X 轴的夹角 α,$\sigma_{\min}$ 与 X 轴的夹角 β:

$$t_g(\alpha)=\frac{\sigma_{\max}-\sigma_x}{\tau_{xy}}\ ,t_g(\beta)=\frac{\tau_{xy}}{\sigma_{\min}-\sigma_y} \tag{4-1-8}$$

因此,若能得到地层面的扰度方程或其面上点的曲率,就可以估算应力场,进而分析由此应力产生的裂缝。

2. 基本思路和技术流程

研究中假定区域应力场作用产生的地层构造变形为复杂的曲面几何形态,采用最小二乘法为离散数据建立连续模型,即为离散点匹配曲面。该曲面符合离散点分布的总体轮廓,但不要求曲面精确地通过给定的各离散点,即所谓"曲面拟合",称为趋势面分析法。趋势面只反映构造曲面的几何形态,不考虑构造成因和具体构造形式。对于复杂构造,趋势面分析法具有很大的优越性,并具有重要的实际意义。一般发生褶曲的地层,其长度和宽度比厚度大得多,用薄板弯曲模型能够较好地模拟构造面附近应力状态,这也是在构造应力分析中主要采用的方法之一。

本方法基于弹性薄板理论,利用薄板弯曲模型趋势面分析法,正反演结合进行地应力的预测。总体思路是在分析纵波速度、横波速度、密度、杨氏模量和泊松比等岩石弹性参数与地应力关系的基础上,优选出地应力的敏感表征参数。利用散射理论的非均质弹性参数反演,反演出纵横波速度比、泊松比、拉梅常数和剪切模量等弹性参数。用趋势面分析法拟合曲面,以断层数据为约束,在计算构造曲率分布基础之上,运用弹性薄板模型的三维有限差分数值模拟方法对应力场进行模拟,估算出地层的应力场,包括地层面的曲率张量、变形张量和应力场张量,得到主曲率、主应变和主应力,从而判断该区不同地质时期造成的应力场变化情况及裂缝发育的有利区域(图 4-1-2)。

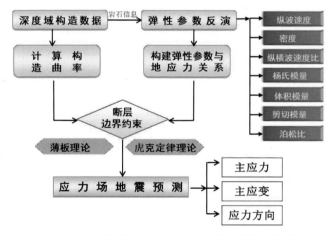

图 4-1-2 基于薄板理论的地应力地震预测技术路线图

该方法采用叠前地震弹性参数反演技术构建精细的非均质力学模型,把应力场数值模拟技术和地震反演技术密切结合,使应力场数值模拟更加合理地考虑了构造、断层、地层厚度、岩性等影响裂缝发育的地质因素,使模拟结果准确率大大提高。

二、数值模拟及效果

1. 叠前参数反演

基于流体置换模型,应用纵波速度、密度、泥质含量、孔隙度、含水饱和度和骨架、流体的各种弹性参数反演井中横波速度。根据井中纵波速度、横波速度和密度以及弹性波阻抗,在复杂构造框架和多种储层沉积模式的约束下,采用地震分形插值技术建立可保留复杂构造和地层沉积学特征的弹性波阻抗模型,使反演结果符合研究区的构造、沉积和异常体特征。采用广义线性反演技术反演各个角度的地震子波,得到与入射角有关的地震子波。在每一个角道集上,采用宽带约束反演方法得到与入射角有关的弹性波阻抗。最后对不同角度的弹性波阻抗进行反演得到纵横波阻抗,进而获得泊松比等弹性参数,对储层的物性和含流体性质进行精细描述。

2. 应力场数值模拟

由于采用薄板弯曲趋势面法要涉及薄板厚度,因此,需要根据关键层位的反射层深度构造图确定各层的地层厚度。利用地层的构造形态,综合考虑地层的弹性参数,在计算曲率的基础上,以断层组合为约束条件,采用弹性薄板理论进一步计算地层的应力场及应变场,然后根据构造的应力、应变场,对储层裂缝的发育程度及展布关系进行分析。

对渤南地区沙四上致密储层开展地应力场有限元模拟,最终的地应力预测结果表明(图 4-1-3),该区的应力异常区主要集中在北部 Y177-Y179、XYS9-L681 两条断层及南部鼻状构造带附近,与目前实际的致密油藏开发区域具有较好一致性,吻合率在 75% 以上,取得了良好的应用效果。

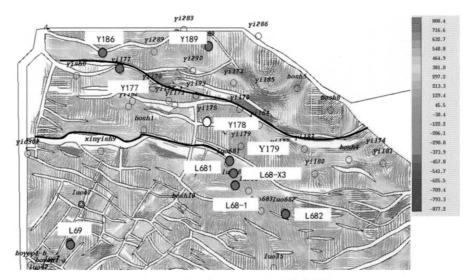

图 4-1-3 致密储层薄板理论地应力数值模拟平面图

该方法综合考虑了构造、断层、地层厚度、岩性等影响地应力的地质因素,使应力场模拟结果准确率大大提高。基于趋势面模拟应力场方法,只能反映区域应力场,对局部细节应力状态刻画得不够准确。同时,预测结果很大程度上取决于构造图解释精细程度和断层的复杂情况,受构造及解释精度的影响很大。

第二节　基于叠前弹性参数的地应力大小预测

一、基本原理及流程

该方法以岩石物理的弹性参数为基础,通过多元线性回归,建立基于三弹性参数的应力计算公式,并进行多因素校正;通过叠前反演技术得到工区的杨氏模量、体积模量、剪切模量等三弹性参数体,利用拟合校正公式计算得到最大主应力体、最小主应力体,取得了较好的应用效果。主要技术流程如图4-2-1所示。

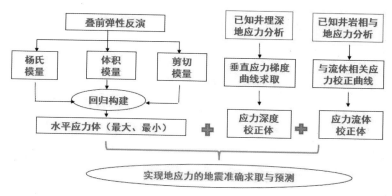

图 4-2-1　叠前弹性参数地应力大小预测流程

首先,统计分析工区内的地震、地质和测井资料,开展叠前道集数据分角度叠加,得到近、中、远三个分角度道集数据;

其次利用分角度道集数据进行叠前参数反演,得到纵波阻抗、横波阻抗、密度等基础数据体,并进行泊松比、杨氏模量、体积模量等弹性参数计算,公式分别为:

$$剪切模量:\mu = \rho V_s^2 \tag{4-2-1}$$

$$体积模量:K = \rho(V_p^2 - \frac{4}{3}V_s^2) \tag{4-2-2}$$

$$泊松比:\upsilon = \frac{V_p^2 - 2V_s^2}{2(V_p^2 - V_s^2)} \tag{4-2-3}$$

$$杨氏模量:E = 3K(1 - 2\upsilon) \tag{4-2-4}$$

最终,采用多元线性回归方法拟合应力计算公式,对相关随机变量进行估计、预测和控制,确定变量之间的关系,并用数学模型来表示,其数学形式如下:

$$y = \beta_0 + \beta_1 x_1 + \beta_2 x_2 + \cdots\cdots + \beta_p x_p + \varepsilon \tag{4-2-5}$$

该公式表明变量 y 由两部分变量决定:第一,由 p 个因变量 x 变化引起的 y 变化部分;第二,由其他随机因素引起的 y 变化部分。

二、地应力大小的拟合与校正

1. 多元线性回归拟合地应力

多元线性回归模型的优点在于通过多组数据,直观、快速分析出变量相互之间的线性关系。回归分析可以衡量各个因素之间的相关程度与拟合程度,提高预测精度。从

Y283、Y944 等 5 口致密油藏典型井中提取参数信息,主要包括致密储层的物理学参数,如声波时差、密度;岩石物理弹性参数,如杨氏模量、剪切模量、体积模量、泊松比;矿物成分参数,如脆性矿物含量。测井参数较多时,需先进行参数的相关系数判定,对自变量进行检验和筛选,剔除对因变量没有影响或影响甚小的参数,以达到简化变量间关系结构、简化所求回归方程的目的。

对回归系数做显著性检验,确定回归方程中的自变量。认为地层弹性参数对于表征力学性质具有很好的相关性,其中杨氏模量、体积模量和剪切模量与地应力的相关程度高,可作为回归拟合的自变量参数(图 4-2-2)。

通过多元线性回归,建立了地应力的三弹性参数表征公式:

最小主应力(MPa)=−0.02×杨氏模量+0.698×体积模量+0.459×剪切模量+42.81

最大主应力(MPa)=0.16×杨氏模量−0.994×体积模量−2.759×剪切模量−24.59

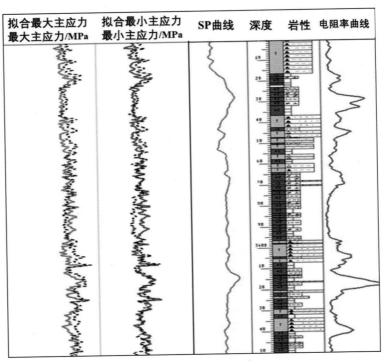

图 4-2-2　Y944 井拟合地应力与实测地应力的比较

2. 渗透性地层的地应力校正

通过与实际应力数据进行对比发现,在具有渗透性地层的应力计算数据和实测数据具有一定的差异性。分析认为这种差异性是由于储层物性的变化等多方面因素引起的,因此通过分析储层特征,充分利用现有的其他测井资料,对声波测井曲线进行曲线校正。主要是将能够反映物性变化的自然电位 SP 信息通过加权方法融入声波曲线中,并重新进行多元线性回归分析,计算地应力,从而提高渗透地层的应力计算精度和改进储层应力的预测效果。

(1)自然电位曲线归一化处理

利用归一化公式对自然电位曲线进行归一化处理,

$$SP\_BRIT = \frac{SP - SP_{\min}}{SP_{\max} - SP_{\min}} \qquad (4\text{-}2\text{-}6)$$

式中：SP_BRIT——归一化后的 SP 曲线；

　　　SP——实测 SP 曲线值；

　　　$SP_{\min}$——SP 曲线最小值；

　　　$SP_{\max}$——SP 曲线最大值。

（2）设置单一曲线加权系数

$$Q_i = K_i \times (SP_i - \overline{SP}) \qquad (4\text{-}2\text{-}7)$$

式中：Q_i——曲线加权系数；

　　　SP_i——实测的任意一点 SP 曲线值；

　　　$\overline{SP}$——实测 SP 曲线基线值；

　　　K_i——权重系数。

（3）对声波曲线进行加权处理

$$AC_i = AC_i \times (1 + Q_i) \qquad (4\text{-}2\text{-}8)$$

通过以上方法对声波曲线进行加权处理之后，新得到的声波曲线包含了地层的渗透性信息，并且在该曲线量纲趋势不变的前提下，突出了渗透性地层与非渗透性地层的应力差异（图 4-2-3）。

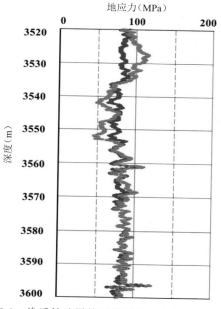

图 4-2-3　渗透性地层校正前后的地应力曲线对比

利用校正声波进行泊松比、杨氏模量、体积模量等弹性参数的计算，分别对应力和弹性参数进行相关分析表明，最大主应力、最小主应力和杨氏模量、体积模量、剪切模量均具有较好的线性关系（图 4-2-4、图 4-2-5）。

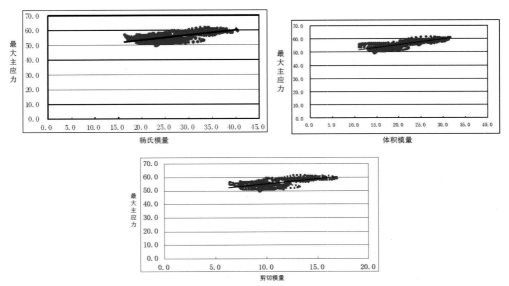

图 4-2-4　最大主应力与杨氏模量、体积模量和剪切模量的交会图

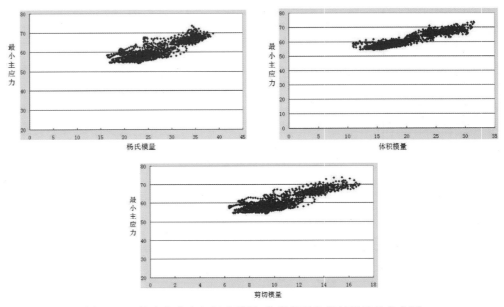

图 4-2-5　最小主应力与杨氏模量、体积模量和剪切模量的交会图

通过以上分析，重新对应力数据进行多元回归拟合，得到以下应力计算公式：

最小主应力（MPa）＝0.619×杨氏模量＋0.662×体积模量－0.767×剪切模量＋34.89

最大主应力（MPa）＝0.674×杨氏模量＋0.690×体积模量－0.475×剪切模量＋35.21

3. 地应力的深度趋势校正

通过曲线对比，多参数回归拟合的应力曲线和实际测量的应力曲线具有很强的一致性。但是在深度域上，实测的应力数据存在明显的梯度变化现象，即随着深度增大应力呈增大的趋势（图 4-2-6）。因此，利用工区的应力梯度信息进行应力趋势的校正，能够较为准确地计算地应力。

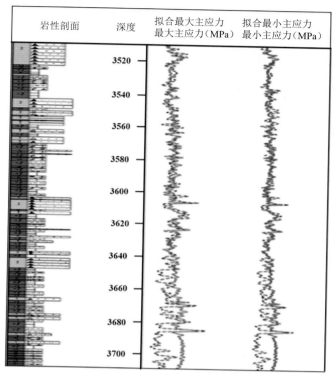

图 4-2-6　测井地应力在深度上的梯度变化

通过统计实测应力数据可以看出,其应力梯度具有较好的一致性,梯度系数平均为 0.04,如图 4-2-7 所示。

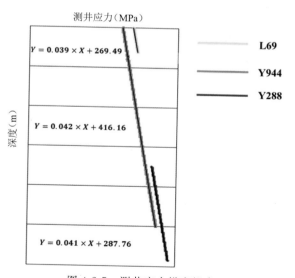

图 4-2-7　测井应力梯度拟合

因此,通过趋势加权技术将工区的应力梯度趋势融入到拟合重构的应力曲线中,使计算得到的校正曲线与测井测量的应力曲线在同一趋势上,数值上有较高的精确度,取得了较好的校正效果(图 4-2-8)。

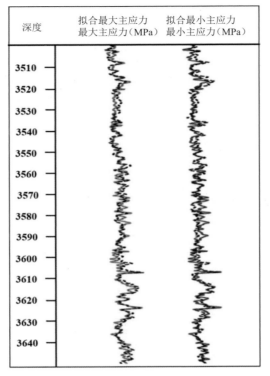

图 4-2-8　测井应力与校正后应力的效果对比图

三、三维地应力场预测及效果

通过叠前地震反演技术能够得到杨氏模量、体积模量、剪切模量等数据体,利用应力表征公式对各参数数据体进行计算,转换即得最大主应力数据体和最小主应力数据体。之后,进行应力校正得到应力预测数据体,开展平面预测。通过以上分析和方法改进,对工区应力场参数开展预测。以 14 口井的声波时差、密度测井数据为基础,利用三维地震数据体进行反演运算,得到研究区三维波阻抗反演数据体。结合应力与弹性参数之间的关系将反演体转化为应力数据体,完成了致密储层的地应力场剖面及平面预测(图 4-2-9、图 4-2-10)。

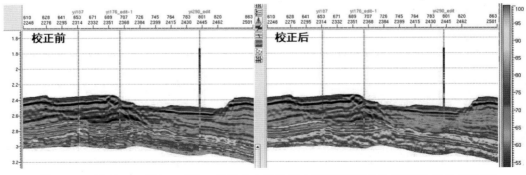

图 4-2-9　过 Y187—Y176—Y290 井最大水平地应力预测剖面(左为校正前,右为校正后)

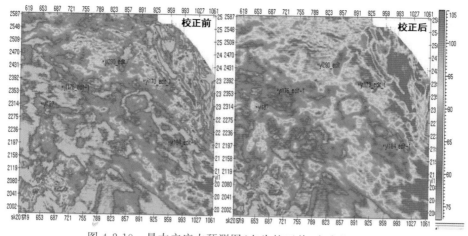

图 4-2-10 最大主应力预测图(左为校正前,右为校正后)

根据预测结果分析,研究区应力值多分布在 70~95 MPa 之间,应力异常区主要集中在东北部的 Y290、Y173 井附近,与目前实际的致密油藏开发区域具有较好一致性,近期该区有多口开发井获得工业油流,进一步验证了预测结果的准确性。

第三节 基于叠前方位差异的地应力方位预测

一、AVO 技术理论基础

利用地震反射波振幅与偏移距的关系(Amplitude Verse Offset,以下简称 AVO 技术)寻找油气是最近 20 多年发展起来的一项新的地震勘探技术。

进 20 世纪 80 年代以来,地震勘探工作者们又相继开发出一些新的地震方法勘探油气,其中利用 AVO 技术直接寻找油气的新方法大受欢迎。其中,Koefoed 不仅简化了 Zoeppritz 方程,而且在计算中假设界面两侧的泊松比是不同的,所得纵波反射系数随入射角的改变而变化的范围大大增加,从而得到了一系列对 AVO 技术的发展有重大意义的结论。

AVO 技术是根据振幅随偏移距的变化规律所反映出的地下岩性及其孔隙流体的性质来直接预测油气和估计岩性参数的一项技术。其理论基础是描述平面波在水平分界面上反射和透射的 Zoeppritz 方程。完整的 Zoeppritz 方程全面考虑了平面纵波和横波入射在平界面两侧产生的纵横波反射和透射能量之间的关系。尽管该方程在 1919 年就已经建立,但是由于其在数学上的复杂性和物理上的非直观性,因而一直没有得到直接的应用。为了克服由 Zoeppritz 方程导出的反射系数形式复杂及不易计算的困难,许多学者对 Zoeppritz 方程进行了简化。

在地震勘探中,震源在地面产生弹性波向下传播时,在非垂直入射状态下,到达弹性分界面上就会产生反射纵波、反射横波和透射纵波、透射横波。反射纵波、横波的反射角分别为 θ_1 和 φ_1,透射纵波、横波的透射角分别为 θ_2 和 φ_2,如图 4-3-1 所示。它们之间的运动学关系,由斯奈尔定理表示为:

$$\frac{\sin\theta_1}{V_{p1}} = \frac{\sin\theta_2}{V_{p2}} = \frac{\sin\varphi_1}{V_{s1}} = \frac{\sin\varphi_2}{V_{s2}}$$

(4-3-1)

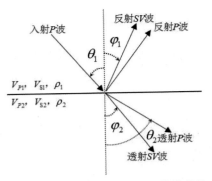

图 4-3-1   入射 P 波、反射波和透射波的关系

在各向同性的水平层状介质的条件下，入射纵波的能量为 1，当地震波垂直入射到界面上时有 $\theta_1 = 0°$，按斯奈尔定理有：$\theta_1 = \theta_2 = \varphi_1 = \varphi_2 = 0°$，由 Zoeppritz 方程解得：

$$\begin{cases} R_{PP} = \dfrac{\rho_2 V_{P2} - \rho_1 V_{P1}}{\rho_2 V_{P2} + \rho_1 V_{P1}} \\[2mm] T_{PP} = 1 - R_{PP} = \dfrac{2\rho_1 V_{P1}}{\rho_2 V_{P2} + \rho_1 V_{P1}} \\[2mm] R_{PS} = T_{PS} = 0 \end{cases} \tag{4-3-2}$$

式中：R_{PP}——纵波反射系数；

$\quad\quad R_{PS}$——转换横波反射系数；

$\quad\quad T_{PP}$——纵波透射系数；

$\quad\quad T_{PS}$——转换横波透射系数；

$\quad\quad V_{P1}$、V_{P2}——分别为界面上下岩石的纵波速度；

$\quad\quad V_{S1}$、V_{S2}——分别为界面上下岩石的横波速度；

$\quad\quad \rho_1$、ρ_2——分别为界面上下岩石的密度。

式 4-3-2 表明，当地震波垂直入射到界面上时，横波的反射系数 R_{PS} 和透射系数 T_{PS} 为零；而纵波的反射系数 R_{PP} 和透射系数为大家熟知的公式。

当非垂直入射，即 $\theta_1 \neq 0°$（或偏移距不为零）时，纵波的反射系数可根据斯奈尔定理、位移的连续性和应力的连续性推得下列 Zoeppritz 方程组：

$$A \cdot B = C \tag{4-3-3}$$

其中

$$A = \begin{bmatrix} \sin\theta_1 & \cos\varphi_1 & -\sin\theta_2 & \cos\varphi_2 \\[2mm] -\cos\theta_1 & \sin\varphi_1 & -\cos\theta_2 & -\sin\varphi_2 \\[2mm] \sin2\theta_1 & \dfrac{V_{P1}}{V_{S1}}\cos2\varphi_1 & \dfrac{\rho_2 V_{S2}^2 V_{P1}}{\rho_1 V_{S1}^2 V_{P2}}\sin2\theta_2 & -\dfrac{\rho_2 V_{S2} V_{P1}}{\rho_1 V_{S1}^2}\cos2\varphi_2 \\[2mm] \cos2\varphi_1 & \dfrac{-V_{S1}}{V_{P1}}\sin2\varphi_1 & -\dfrac{\rho_2 V_{P2}}{\rho_1 V_{P1}}\cos2\varphi_2 & -\dfrac{\rho_2 V_{S2}}{\rho_1 V_{P1}}\sin2\varphi_2 \end{bmatrix} \tag{4-3-4}$$

$$B = \begin{bmatrix} R_{PP} \\ R_{PS} \\ T_{PP} \\ T_{PS} \end{bmatrix} \quad\quad C = \begin{bmatrix} -\sin\theta_1 \\ -\cos\theta_1 \\ \sin2\theta_1 \\ -\cos2\varphi_1 \end{bmatrix}$$

这是一个由四阶矩阵组成的联立方程组，当入射角已知时，按斯奈尔定理求出 θ_1、θ_2、φ_1 和 φ_2 后再解上式，就可得到 4 个未知数 R_{PP}、R_{PS}、T_{PP} 和 T_{PS}。

由于 4 个未知数的表达式很复杂，也难以给出清楚的物理概念，经不少学者研究导出了一些近似方程，使其更加容易理解，有较明显的物理意义。

Zoeppritz 方程的简化公式很多，目前使用较为广泛的是 Shuey 简化式：

$$R_P(\theta) \approx R_{P0} + \left(A_0 R_{P0} + \frac{\Delta\sigma}{(1-\sigma)^2}\right)\sin^2\theta + \frac{1}{2}\frac{\Delta V_P}{V_P}(\tan^2\theta - \sin^2\theta) \qquad (4\text{-}3\text{-}5)$$

或

$$R_P(\theta) \approx R_{P0} + \left(\frac{1}{2}\frac{\Delta V_P}{V_P} - 4\frac{\Delta V_S^2}{V_P^2}\frac{\Delta V_S}{V_S} - 2\frac{\Delta V_S^2}{V_P^2}\frac{\Delta\rho}{\rho}\right)\sin^2\theta$$
$$+ \frac{1}{2}\frac{\Delta V_P}{V_P}(\tan^2\theta - \sin^2\theta)$$

或

$$R_P(\theta) = R_{P0} + R_2\sin^2\theta + R_4(\tan^2\theta - \sin^2\theta)$$

式中：R_{P0}——法向（垂直）入射时的反射系数；

$$\sigma = \lambda/2(\lambda + \mu) = (\sigma_1 + \sigma_2)/2 \text{ 为泊松比；}$$

其他项系数分别由下式给出：

$$R_{P0} = \left(\frac{\Delta V_P}{V_P} + \frac{\Delta\rho}{\rho}\right)/2\ \frac{1}{2}\Delta\ln\rho V_P$$

$$R_2 = \frac{1}{2}\frac{\Delta V_P}{V_P} - 4\frac{\Delta V_S^2}{V_P^2}\frac{\Delta V_S}{V_S} - 2\frac{\Delta V_S^2}{V_P^2}\frac{\Delta\rho}{\rho}; R_4 = \frac{1}{2}\frac{\Delta V_P}{V_P} \qquad (4\text{-}3\text{-}6)$$

其中

$$A_0 = B - 2(1+B)(1-2\sigma)/(1-\sigma), B = \frac{\Delta V_P}{V_P}\bigg/\left(\frac{\Delta V_P}{V_P} + \frac{\Delta\rho}{\rho}\right)$$

法向入射的 S 波反射系数可以近似为 $R_{S0} = \frac{1}{2}(R_{P0} - B)$。

σ 和 $\Delta\sigma$ 分别为反射界面两侧介质的平均泊松比和界面两侧泊松比之差，即 $\sigma = (\sigma_1 + \sigma_2)/2, \Delta\sigma = \sigma_2 - \sigma_1$。其中第一项 R_{P0} 为 $\theta = 0$ 时的振幅强度；第二项为中等入射角时（$0° < \theta \leqslant 30°$）的振幅强度；第三项为 $\theta > 30°$ 时的振幅强度，对反射系数起主导作用。只有当入射角小于 30° 时，因 $tg^2\theta - \sin^2\theta \leqslant 0.083$，$\frac{\Delta V_P}{V_P}$ 也比较小时，第三项可以忽略，此时 Shuey 近似方程可以简化为：

$$R_P(\theta) \approx P + G\sin^2\theta \qquad (4\text{-}3\text{-}7)$$

式中：$P = R_{P0}$——真正法线（垂直）入射的反射系数，称为 AVO 的截距；

$$G = A_0 R_{P0} + \frac{\Delta\sigma}{(1-\sigma)^2}$$——与岩石纵、横波速度和密度有关的项，称为 AVO 的梯度。

简化式 4-3-7 表明，在两种弹性介质水平反射界面上产生的反射纵波振幅 $R_P(\theta)$ 与 $\sin^2\theta$ 成线性关系。在经过精细的高信噪比、高分辨率和高保真度处理后的 CDP 道集上，对每个采样点，作振幅与 $\sin^2\theta$ 的线性拟合，可获得截距 P 和斜率（梯度）G。

Shuey 简化方程直观地表达了 P 波反射系数与介质弹性参数及入射角之间的关系，使 AVO 异常的识别由定性阶段进入定量阶段，带动了 AVO 技术的深刻变革。Shuey 近似的主要目的是为证明相对反射系数随偏移距变化的梯度主要由泊松比的变化决定,其最大的优点在于方程右端以不同的项表示了不同角度入射的近似情形,是目前应用最为广泛的一种近似方法。另外,第一项表示法向入射时的反射系数;第二项表示了中等角度入射的反射系数;第三项主要控制大角度入射时的情形。该方法同时表明,相对反射系数随偏移距的变化梯度主要取决于 $\Delta\sigma$,而且在 $30°$ 以内,反射振幅与 $\sin^2\theta$ 呈线性关系。但是当入射角较大时,方程的线性关系不再成立。

二、AVO 正演模拟

Rutherford 和 Williams(1989 年)总结了大量气藏上方 P 波反射振幅随偏移距变化的规律,根据含油气砂岩与包围砂岩的泥页岩的波阻抗关系,定义了三种岩性组合;1998 年 Castagna 等提出了把梯度和截距背景趋势与岩石物性关系联系起来的公式,并将 Rutherford 和 Williams 的气层分类法推广到 4 类(图 4-3-2)。Ⅰ 类为高阻抗含气砂岩,这类砂岩具有比上覆介质高的波阻抗,其 AVO 特征为零偏移距振幅强且为正极性,AVO 曲线呈减小趋势,当入射角足够大时可看到极性反转;Ⅱ 类为近零阻抗差的含气砂岩,这种砂岩的 AVO 特征为零偏移距振幅很小,趋于零,故在零偏移距附近不易检测,随着偏移距的增大其 AVO 特征变化较大;Ⅲ 类和 Ⅳ 类为低阻含气砂岩,它比上覆介质的阻抗低,其 AVO 特征为零偏移距振幅很强,呈负极性。此类气层又可分为两种 AVO(指振幅绝对值)呈增加趋势的为第 Ⅲ 类,AVO(指振幅绝对值)呈减小趋势的为第 Ⅳ 类。

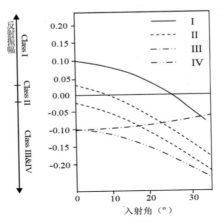

图 4-3-2 气层 AVO 分类模型

需要说明的是,以上气层 AVO 分类模型反映了单个界面的反射,只适用于厚气层情形。在实际地震勘探中,观察到的 AVO 现象更多的是薄互层调谐的结果,而薄互层的岩性组合及厚度变化对 AVO 的特征的影响是很大的。

1. 理论模型 AVO 正演模拟与分析

利用 Zoeppritz 方程对两层介质进行 AVO 正演模拟,设定 a 上层横波不变,下层增大;b 上下层横波增大,幅度一致;c 上层横波变大,较下层快;d 上层横波增大,较下层慢;e 上层横波速度变小,下层横波速度变大;f 上层横波速度变大,下层横波速度减小。在建立以上模型的基础上,计算了梯度属性 G。图 4-3-3 为 3 种类型的 AVO 响应 G 值与下层横波的关系曲线。

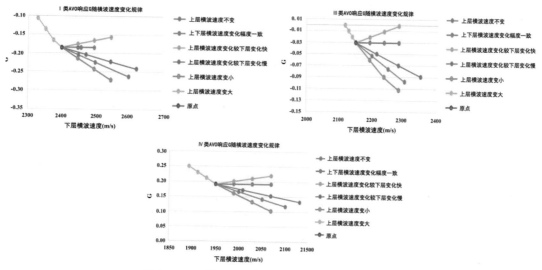

图 4-3-3　3 类 AVO 响应 G 值随横波的变化规律

从图中可以看到Ⅰ、Ⅲ、Ⅳ类 3 种类型 AVO 的 G 属性,当上层横波变化率较下层大时,G 值随下层横波的增大而增大;而当上层横波的变化率较下层小时,G 值随下层横波的增大而减小;当上、下层的横波变化率相同时,G 值不变。

为此,我们建立了 3 种基于快慢横波速度变化率的 AVO 模板,我们将顶层的快慢横波变化率小于底层的快慢横波变化率定义为Ⅰ类 AVO,该类 AVO 的梯度 G 属性随横波的增大而减小,即梯度极小值的方位代表快横波的方向;将顶层的快慢横波变化率等于底层的快慢横波变化率定义为Ⅱ类 AVO,此类 AVO 在实际地层中出现的极少;将顶层的快慢横波变化率大于底层的快慢横波变化率定义为Ⅲ类 AVO,该类 AVO 的梯度 G 属性随横波的增大而增大,即梯度极大值的方位代表快横波的方向。

2. 实际井 AVO 正演模拟与分析

为验证上述结论,对 Y183 井开展了 AVO 正演模拟与分析。图 4-3-4 和图 4-3-5 分别为 Y183 井慢横波和快横波 AVO 正演模拟结果。

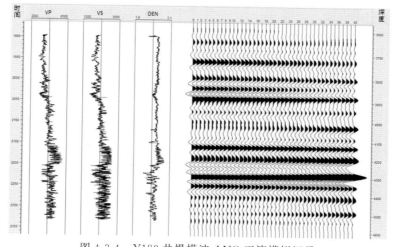

图 4-3-4　Y183 井慢横波 AVO 正演模拟记录

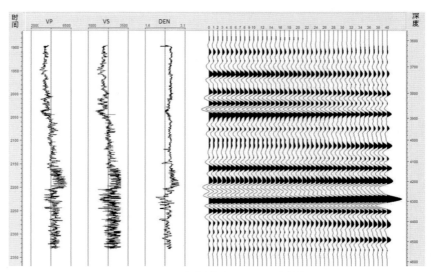

图 4-3-5　Y183 井快横波 AVO 正演模拟记录

　　分别对 Y183 井快、慢横波的几个界面进行 AVO 属性的提取,并分析快慢横波变化率和岩性对横波的影响。图 4-3-6 为分析所用界面,表 4-3-1 为分析结果。

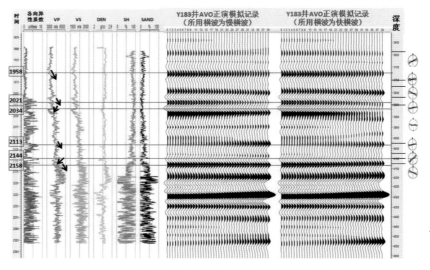

图 4-3-6　Y183 井快慢横波 AVO 正演模拟综合分析

　　根据表 4-3-1,当目标层的泥质含量高、砂质含量低的时候,上层快慢横波的变化率大于下层快慢横波变化率,此时为Ⅲ类 AVO,这种情况快横波的梯度属性 G 值大,即 G 值的极大值代表快横波的方向;当目标层的泥质含量低、砂质含量高的时候,上层快慢横波的变化率小于下层快慢横波变化率,此时为Ⅰ类 AVO,这种情况快横波的梯度属性 G 值小,即 G 值的极小值代表快横波的方向。这个结果与我们理论模拟的结果相同,证明了该方法在判断快慢横波方向上的有效性。

表 4-3-1 Y183 井 AVO 正演模拟分析表

界面	时间(ms)	深度(m)	慢横波(m/s)	快横波(m/s)	横波变化率(%)		AVO	慢横波		快横波	
					上层	下层		P	G	P	G
⌐_	1958	3720-3227	1745	1772	1.55	0.5		0.0667	-0.1003	0.0667	-0.0965
		3727-3742	1967	1977							
⌐_	2021	3840-3845.5	1817	1917	5.5	4.9	上层各向异性系数>下层 III	0.0641	-0.1524	0.0614	-0.1404
		3845.5-3855	2061	2163							
⌐_	2034	3861.5-3872	1949	2023	3.8	2.1		-0.1139	0.2037	-0.1125	0.2868
		3872-3881	1723	1760							
⌐_	2113	4030-4035.5	2226	2430	9.2	9.6		0.0168	0.1387	0.0168	0.0738
		4035.5-4039	2376	2605							
⌐_	2144	4096-4101	2669	2746	2.9	13.7	上层各向异性系数<下层 I	-0.0442	0.1022	-0.0443	0.0499
		4101-4105	2339	2660							
⌐_	2158	4124-4129.5	2298	2310	0.5	2.9		0.0749	-0.0378	0.0752	-0.0688
		4129.5-4137	2641	2719							

三、地应力方位预测及效果

1. 基本原理与技术流程

该方法以 AVO 正演为基础,通过分析快慢横波的速度明确三类 AVO 异常的地震响应特征,从理论上探讨 AVO 属性与快慢横波速度的关系。借助横波各向异性理论,将叠前宽方位地震数据分方位角处理,提取不同方位 AVO 属性,利用地应力方位各向异性导致的横波速度差异与叠前方位属性之间的关系来进行应力方位的地震预测。结合 FMI 成像、声波各向异性测井资料进行验证对比,最终确定最大主应力方位。其主要技术流程如下(图 4-3-7)。

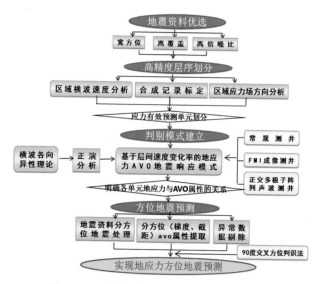

图 4-3-7 地震地应力方位预测技术流程图

基本原理是,由于地层中地应力的存在会导致不同方位上波速的差异,即方位各向异性,沿最大主应力方向上波速传播速度最大、幅度最大,在最小主应力方向上声波传播速度最慢、幅度最小,利用方位各向异性可以确定地层最大主应力方向。

2. 各向异性理论

岩石波速各向异性确定地应力的基本原理为:地层中的岩石处在三向应力作用状态下,当钻井取芯时岩心脱离原来的应力状态,自身将产生应力释放。在应力释放过程中岩石会形成许多十分微小的裂隙,微裂隙发育程度与地应力大小及方向具有内在成因关系。应力释放使岩石中微裂缝产生沿垂直最大主应力方向优势分布(图 4-3-8),σ_{max} 为最大主应力方向,σ_{min} 为最小主应力方向,应力释放所形成的裂隙被空气所充填,而岩石与空气波阻值相差很大,于是岩芯中优势微小裂隙的存在使得声波在岩心不同方向上传播的速度不同,且存在明显的各向异性。岩石在最大主应力方向上声波传播速度最快,反之,在所受

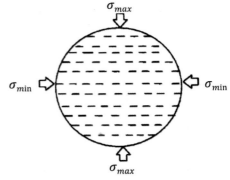

图 4-3-8　岩芯应力释放(卸载)产生的微裂隙分布示意图

应力最小的方向上,声波传播速度最慢。利用上述原理可以得到不同方向声波传播速度,速度最快方向就是最大主应力方向。

3. 地应力 AVO 地震响应判识模式

常规 AVO 属性因上下相邻层横波速度变化的复杂性,具有多种变化趋势,一致性差,难以有效判识和预测。根据上、下层的快慢横波变化 AVO 正演模型,以相邻两目标层的快慢横波变化速率作为约束,建立了 3 种基于层间横波速度变化率的地应力 AVO 地震响应模式,进行不同方位的速度差异及应力方向判识。(图 4-3-9 至图 4-3-11)。

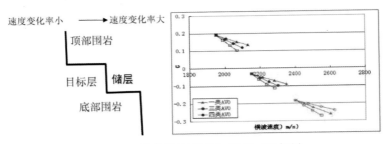

图 4-3-9　快慢横波速度差:顶层＜目标层

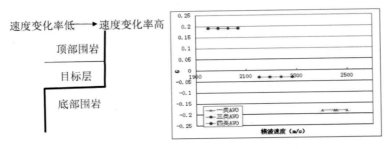

图 4-3-10　快慢横波速度差:顶层＝底层

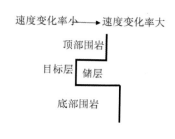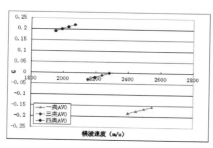

图 4-3-11 快慢横波速度差:顶层＞底层

当顶层快慢横波速度变化率小于目标层时,目标层同一点不同方位的横波速度与梯度属性成反比关系,目标层横波速度越大,梯度数值越小,最大水平应力方位为梯度最小值位置。当顶层目标层横波速度变化幅度一致时,目标层同一点不同方位的 AVO 梯度数值不变,无法判断方位。当顶层快慢横波速度变化率大于目标层时,目标层同一点不同方位的横波速度与梯度属性成正比关系,目标层横波速度越大,梯度数值越大,最大水平应力方位为梯度最大值位置。

4. 分方位角处理

（1）叠前地震资料裂缝检测的可行性分析

研究中采用四扣 2017 三维地震资料,该资料的面元大小为 25 m×12.5 m,每个 CMP 面元内炮检距分布均匀,满覆盖次数为 288 次,地震资料品质较好,信噪比和分辨率较高,保幅性较好。采用 OVT 地震处理技术,OVT 道集有效解决了由于覆盖次数造成的近、中、远不同偏移距能量差异大的问题,增加了覆盖次数,丰富了叠前信息。综合分析认为,这套叠前地震数据体适合开展该区的地应力方位预测研究。

（2）抽取方位角地震属性道集数据体

通过对观测系统分析,偏移距在 12～2 100 m,接近零偏移距的道,其地震各向异性强度非常弱,甚至其各向异性强度为零,而较大偏移距的道,各个方位角分布不均匀和信噪比很低,这些会造成伪各向异性。因此,需要去掉小偏移距和较大偏移距的地震数据。在抽取方位角道集数据时应遵循在炮检距范围内叠加次数尽量均衡的原则,确保每个方位角的覆盖次数相似或相等,以突出反映由于非均质性引起的方位各向异性特征差异。通过对观测系统分析,根据抽取原则确保每个方位角覆盖相同或相近,初步确定了 9 个方位角划分方案,－10°～10°、10°～30°、30°～50°、50°～70°、70°～90°、90°～110°、110°～130°、130°～150°、150°～170°。

5. 地应力方位地震预测效果

在叠前方位角道集进行处理的基础之上,首先,对 9 个方位角叠加数据进行标定处理,并消除子波的影响;其次,对标定处理的不同方位角道集数据体分别计算 AVO 梯度和截距属性,得到不同方位角的 AVO 梯度和截距剖面,在目的层段内分析 AVO 梯度和截距属性随不同方位角的变化。通过对比不同方位角的 AVO 梯度属性,研究区的 AVO 梯度时正时负,截距变化不大,而在 AVO 梯度与截距的交会图上 AVO 梯度与截距呈较好的线性关系,AVO 梯度与截距的比值比较稳定(图 4-3-12)。因此本次采用不同方位的 AVO 梯度与截距的比值来表征地应力方位的变化。

将地应力方位预测结果分别与 Y176、Y177、Y178、Y179、Y180、Y290、L681 等井的实测地应力方位对比表明(图 4-3-13),预测的地应力方位与实测方位值较为一致,普遍在 70°～

130°之间,方位误差小于10°,地应力方位判断平均相对误差在6.25%～125%(表4-3-2)。

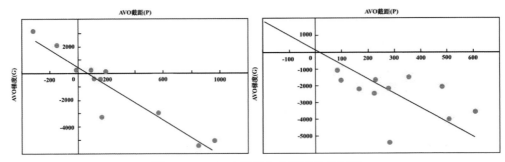

图 4-3-12　AVO 梯度与截距属性交汇图

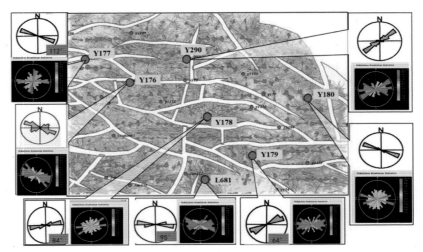

图 4-3-13　地应力方位预测与测井地应力方位对比图

表 4-3-2　渤南地区沙四上致密油藏的地应力方位预测结果和测井地应力结果对比

井名	层位	预测值	实测值	误差	相对误差
Y176	沙四上	110°～130°	110°～120°	10°	9.09%
Y178	沙四上	70°～90°	75°～90°	5°	6.66%
Y179	沙四上	70°～90°	60°～80°	10°	12.5%
Y177	沙四上	90°～110°	100°～110°	10°	9.09%
Y186	沙四上	70°～90°	80°～95°	5°	6.25%
Y189	沙四上	110°～130°	100°～110°	10°	10%
L681	沙四上	100°～120°	90°～110°	10°	11.1%
Y290	沙四上	50°～70°	45°～60°	5°～10°	8.33%
Y180	沙四上	90°～110°	100°～110°	10°	9.09%

第四节 三维地应力场地质模型构建与数值模拟

一、基本原理及流程

高精度的三维地应力分布地质模型建立一直是致密低渗透和非常规油气勘探开发中的重要问题。单井点现今地应力可以通过测量、测试以及测井计算的方法获得。目前已有一套较为成熟的测量与测试手段，通过微地震监测、波速各向异性法、水力压裂法、声发射法与差应变法等手段确定井点现今地应力的数值与方向。然而井点实测的非连续点数据与测井计算的一维连续数据难以准确、全面地描述油藏应力场分布特征。对于井间三维地应力的研究，还缺乏一套成熟的解析方法与预测技术。

本书建立了适用于中深层致密油藏储层的三维地应力场模拟方法。该方法以单井测井地应力计算结果作为井点控制约束，基于地球物理解释研究工区层位模型、断层模型建立工区三维地质模型，将地球物理反演岩石力学参数结果作为井间物性参数，采用有限元方法开展非均质性地层高精度三维地应力场模拟分析。根据分析结果开展致密储层甜点预测，为致密油藏储层高效开发提供技术支持，基本技术流程如图 4-4-1 所示。

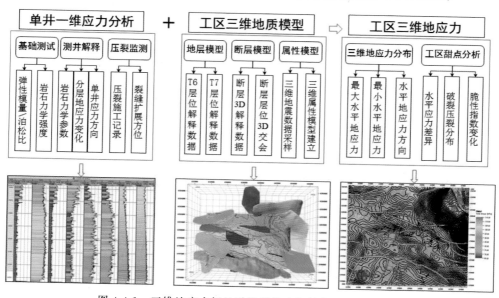

图 4-4-1 三维地应力场地质模型构建与数值模拟基本流程

地应力场模拟主要包括单井地应力约束模型建立、三维地质模型建立，三维地应力场数值模拟 3 个步骤。

① 单井地应力约束模型建立：包括单井轨迹模型、测井基础参数、分层岩石力学参数解释、现场地应力解释、单井分层地应力解释共 5 项内容。根据解释结果建立井筒一维应力约束。此部分详见第 2 章，在此不再赘述。

② 三维地质模型建立：包括地质模型建立、断层模型建立、属性模型建立 3 项内容。建立包含构造层段、断层展布的三维地质模型；通过三维数据采样，建立三维属性模型。

③ 三维地应力场数值模拟：以三维地质模型为基础，模型边界延拓，并施加构造应力

边界条件或构造变形边界条件,反演得到地应力大小、方向变化规律;通过与单井分层地应力测井解释结果对比,修正模型相关系数,得到应力场分布规律,进而结合三维属性模型、三维地应力模型,完成致密储层三维"工程甜点"分析。

1. 三维地质模型建立

三维地质模型包括地层格架模型和属性模型两个部分,利用三维地震解释资料建立三维地层格架模型,利用三维地震资料反演和测井资料建立非均质性地层三维岩石物理参数模型。

(1) 三维地层格架模型

将地球物理解释数据导入,根据时深转换公式 4-4-1 开展时间域与空间域坐标转换,对所导入数据拟合,得到分层数据拟合面,建立工区层段三维地质层面模型;利用钻井、测井和地震资料,在小层划分对比和构造精细解释基础上,对所建立地质层面模型局部层位进行校正。

$$H = 3\,846.153\,846 \times [\exp(0.000\,244 \times T) - 1] \tag{4-4-1}$$

断层模型主要是根据单井断点数据以及地震构造解释所得的平面及剖面的断层面数据建立,模型构建过程中根据研究区的构造特征及时修改和调整,实现构造模型与测井资料、地震资料及地质规律的拟合。

综合研究工区地质层面模型、断层模型,构建的三维地质格架模型如图 4-4-2 所示。

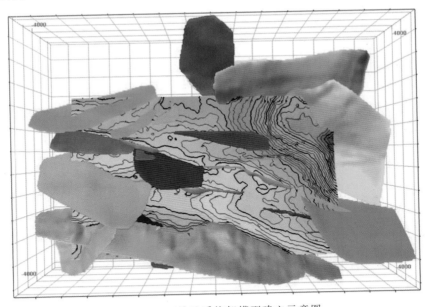

图 4-4-2　三维地质格架模型建立示意图

(2) 三维地层属性模型

在岩心样品静态、动态岩石物理参数对比和校正的基础上,利用测井资料进行单井岩石力学参数(弹性模量、泊松比)模拟计算(图 4-4-3),对单井岩石力学解释成果进行井点分层离散化处理,获取井点分层岩石力学属性解释数据,如图 4-4-4 所示。

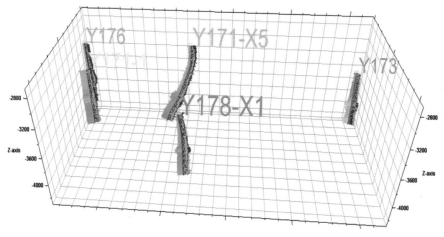

图 4-4-3 研究工区单井属性模型

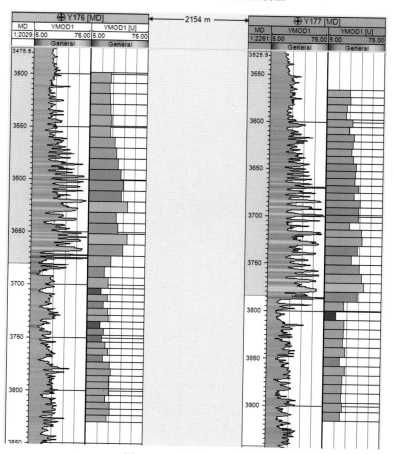

图 4-4-4 单井数据离散化

井间岩石物理参数根据三维地震体地球物理参数处理解释采样获取,如图 4-4-5、图 4-4-6 所示。基于地震解释研究数据,提取地质模型相关属性参数,建立地球物理参数模型;利用时深转换公式,建立深度域的地球物理属性模型。

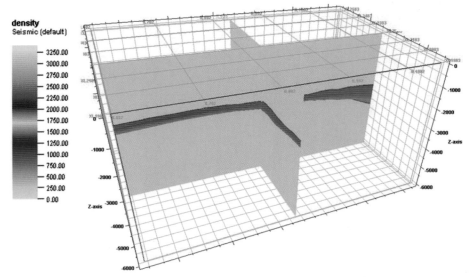

图 4-4-5　地震体解释数据导入

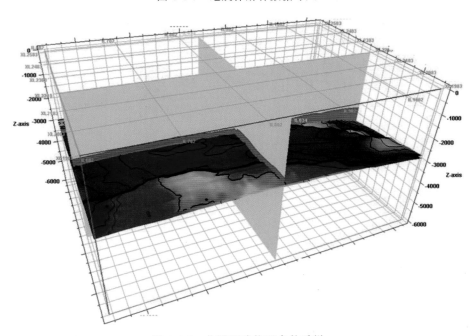

图 4-4-6　井间地球物理参数采样

　　三维属性模型建立方法如图 4-4-7 所示,以单井测井解释为井点约束、地震反演数据体为井间约束,采用协同克里金插值方法建立三维地质力学参数属性模型。根据三维地震资料获取研究工区井间岩石力学参数分布;通过测井约束下的三维地震资料反演,计算和预测非均质性地层岩石力学参数(弹性模量、剪切模量、体积模量、泊松比)的三维分布,建立研究区域致密低渗透非均质性地层的三维岩石物理参数(弹性模量、剪切模量、体积模量、泊松比)模型,如图 4-4-8 所示。

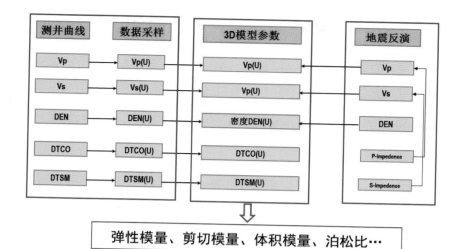

图 4-4-7 三维属性参数模型建立方法

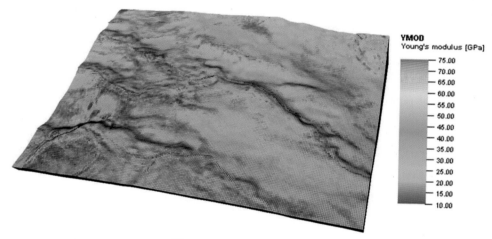

图 4-4-8 三维地层属性模型

2. 三维地应力场数值模拟

（1）三维地应力场模型建立及加载方法

在压裂资料和岩心样品地应力测试的基础上，利用测井资料进行单井地应力（垂向应力、水平最大主应力、水平最小主应力）计算和校正；应用三维地震资料建立的三维岩石物理参数模型输入三维有限元数值模拟系统中开展三维地应力场测试分析。

三维地应力有限元数值模拟分析时，考虑模型加载边界效应，需要对测试工区的计算模型范围进行外延，如图 4-4-9 所示。

以测井地应力计算结果作为井点控制，以三维有限元数值模拟技术计算和预测的三维地应

图 4-4-9 三维地应力有限元分析模型

力分布数据进行井间约束,采用确定性建模和随机建模相结合的方法,建立致密储层高精度的三维地应力分布模型。

三维地应力模型采用基于多井点约束的地应力优化反演方法。该方法是以线弹性问题的可选加性为基础而开展,即理想条件下多个边界上的力在不同测点上产生的应力分量的叠加应等于该点测量值。因此可充分利用已知的地质构造、地应力数据等资料,通过调整多个边界力的大小,使数据可靠单元的地应力反演模拟结果与已知数据尽可能逼近。

根据研究对象的性质及实测数据条件,分别选定组合后的地应力大小和方位为目标函数,用有限元数值算法正演计算获得关键井处的地应力计算值,然后将其与观测值代入目标函数进行比较,利用多目标最优化方法调整、搜索参数,直到多个目标函数都能达到极小值,从而获得最优边界载荷及约束方式,用反演得到的边界载荷及约束条件进行正演计算,进而获得储层的应力场变化规律。

三维地应力模型边界加载方法包括构造应力法与构造应变法两类,如图 4-4-10 所示。

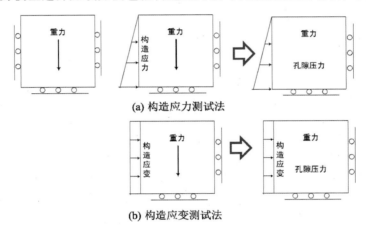

图 4-4-10　模型边界条件加载方法

① 构造应力法:第 1 步将侧面和底面设为简支约束,施加重力;第 2 步解除边界约束条件,侧面施加构造应力,底面施加反作用力;考虑孔隙压力影响进行有效应力分析。

② 构造应变法:底面为简支约束,同时施加重力和侧边界位移;考虑孔隙压力影响进行有效应力分析。

两种方法获得的地应力变化结果与单井井筒应力测试结果对比,修正相关模型系数,进而获取三维地应力场分布规律。

(2) 三维地应力场测试流程

三维地应力场测试流程如图 4-4-11 所示,将建立的三维地质模型进行结构化网格划分,并根据三维地层属性模型赋以模型响应岩石力学参数,加载孔隙流体压力的作用;采用接触单元模型处理研究工区断层模型,将断层模型离散化并赋以相应的断层参数;采用GPU 并行计算方法开展研究工区三维地应力场模拟分析,当相邻计算位移增量步小于 1.0×10^{-4} m 时,判断模型满足收敛性条件;调取分析结果,开展三维地应力场分布规律及致密储层"工程甜点"分析。

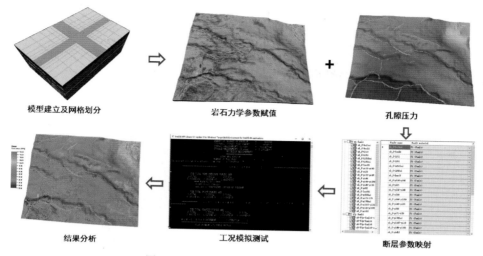

图 4-4-11 三维地应力场技术流程法

　　下面将以济阳坳陷的 Y176 区块和 Y560 区块的致密油藏储层为例,采用上述技术流程和方法,开展三维地应力场地质模型构建与数值模拟。Y176 区块、Y560 区块深层低渗透砂岩油藏埋藏深度大,断层特征复杂,岩性、岩相及物性变化快,现今地应力数值差异大且方向多变。地应力分布规律的不确定影响了区块内井位部署、注采井网的设计及整个低渗透区块的增产改造效果。因此,亟须对该区进行详细的地应力场研究。开展 Y176 区块、Y560 区块内地应力研究,掌握单井、区域地应力变化规律,预测复杂断块低渗油藏的地应力三维空间分布,满足勘探开发一体化的需求,合理调整开发措施,为压裂开发方案设计提供技术支持,对于提高低渗透油藏开发效果意义重大。

二、Y176 区块三维地应力场

1. 单井模型建立

（1）单井三维分布模型

　　本次共收集整理 Y176 区块 40 口单井基础数据,根据 Y176 区块井位坐标和井身轨迹、井斜角、方位角数据,建立了该区单井三维分布模型(图 4-4-12)。

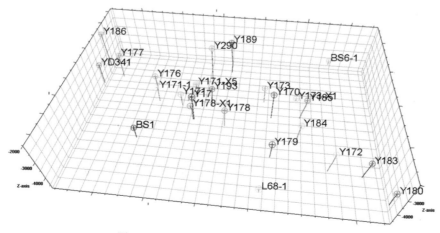

图 4-4-12 Y176 区块单井三维分布模型

（2）单井地应力大小、方向分析

统计研究工区6口井10个层段现场压裂施工记录，根据现场地应力确定方法，确定6口井测试层段最大水平地应力、最小水平地应力，解释结果如表4-4-1所示。

表4-4-1　义176区块单井地应力现场测试数据解释

序号	井号	压裂层段（m）	破裂压力（MPa）	停泵压力（MPa）	最大水平地应力（MPa）	最小水平地应力（MPa）
1	Y171-1	3 784～3 796.5	52.0	40.4	92.0	73.2
		3 723～3 740	52.	40.4	92.0	73.2
		3 526～3 621	62.5	39.8	85.3	72.6
2	Y171-X2	3 565.8～3 668.5	57.0	28.1	75.6	63.6
3	Y171-X4	3 587.4～3 814.8	73.02	32.13	81.9	67.9
4	Y171-X7	3 651～3 745.9	54.3	46	101	78.1
5	Y171-X8	3 676.5～3 851.	65.3	28.7	77.1	65.4
6	Y178-X1	3 731～3 786.5	67.43	65.43	—	—
		3 578～3 670	63	36.1	70.5	67.3
		3 393～3 424.3	53.8	39.5	85.3	68.3

单井地应力方向由测井解释结果确定，主要包括成像测井解释（通过井壁崩落统计确定最小水平地应力方向、通过诱导裂缝识别确定最大水平地应力方向）和声波各向异性解释（最大水平地应力方向）两种处理方法。

研究区单井成像测井解释结果，如表4-4-2至表4-4-4所示。

表4-4-2　Y176区块单井地应力方向（井壁崩落统计）

井号	深度（m）	水平地应力方向	识别方法
L69	—	—	井壁崩落
BG403	3 979.5—4 216.2		井壁崩落
Y288	3 911.5—3 964.2		井壁崩落

续表

井号	深度（m）	水平地应力方向	识别方法
Y173	4 134.5—4 286.7		井壁崩落
YD301	3 312.4.—3 864.7		井壁崩落
BS6—1	4 400.6—5 000.3		井壁崩落

表 4-4-3　Y176 区块单井地应力方向（诱导裂缝识别）

井号	深度（m）	水平地应力方向	识别方法
L69	3 005.8—3 128.5		诱导裂缝识别
BG403	3 877.1—4 502.9		诱导裂缝识别
Y288	3 677.1—4 165.9		诱导裂缝识别

井号	深度（m）	水平地应力方向	识别方法
Y173	3 996.8—4 297		诱导裂缝识别
YD301	3 283.2—3 731.6		诱导裂缝识别
BS6—1	4 336.6—4 440.1		诱导裂缝识别

表 4-4-4　Y176 区块单井地应力方向（声波各向异性识别）

序号	井名	快横波方位角：N—S(0°—180°)	层位	顶界深度（m）	底界深度（m）
1	BS6—1	54°	沙四段	4 195	4 445
2	L68—1	12°	沙三段	3 215	3 236.5
			沙四段	3 236.5	3 435
3	L69	111°	沙三段	2 893	3 387
4	Y177	76°	沙一段	2 715	2 969.4
			沙二段	2 969.4	3 008
			沙三段	3 008	3 416.6
			沙四段	3 416.6	4 045
5	Y179	165°	沙四段	2 715	4 045
6	Y180	85°	沙三段	3 420	3 808.6
			沙四段	3 806.6	4 544
7	Y183	85°	沙三段	3 601	3 808.6
			沙四段	3 808.6	4 544
8	Y184	52°	沙三段	3 290	3 724
			沙四段	3 724	4 133

序号	井名	快横波方位角：N—S(0°—180°)	层位	顶界深度(m)	底界深度(m)
9	Y185	142°	沙三段	3 585.4	3 962
			沙四段	3 962	4 710
10	Y186	62°	沙二段	2 390	2 432
			沙三段	2 432	2 930
			沙四段	2 930	4 260
11	Y189	111°	东营组	2 520	2 687
			沙一段	2 687	2 886.5
			沙二段	2 886.5	3 053.5
			沙三段	3 053.5	3 908.5
			沙四段	3 908.5	4 465
12	Y193	72°	沙三段	3 158	3 499
			沙四段	3 499	4 180
13	Y290	138°	东营组	1 945	2 816
			沙一段	2 816	3 037.6
			沙二段	3 037.6	3 217.5
			沙三段	3 217.5	3 678
			沙四段	3 678	4 125

　　Y176 井页岩储层压裂共监测到 79 个微地震事件，裂缝方位 76.7°，如图 4-4-13 所示，裂缝半缝长 97 m，东翼和西翼总缝长为 195 m。

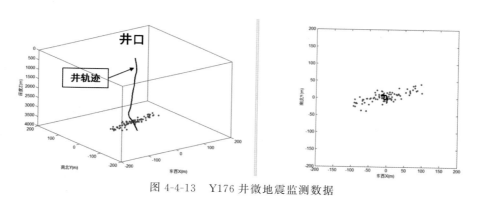

图 4-4-13　Y176 井微地震监测数据

（3）单井分层地应力参数模型

　　针对 Y176 工区单井分层岩石力学参数解释开展深入研究，基于前期研究成果，导入单井分层岩石力学参数测井解释信息，建立 Y176 区块单井岩石力学属性模型（图 4-4-14）。

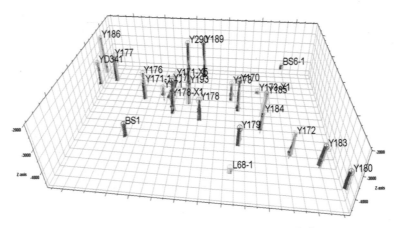

图 4-4-14   Y176 区块单井岩石力学属性变化

2. 三维模型建立

Y176 区三维地质模型包括三维地质格架模型(层位模型与断层模型)和三维属性模型两个部分。

(1)三维地质模型

Y176 区块三维层位模型主要包括 $Es_3$13、T6、T7′ 3 个地震解释层位,采用数据点拟合方法建立三维层位地质模型(图 4-4-15、图 4-4-16、图 4-4-17)。

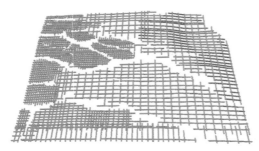

（a）层位地震解释数据

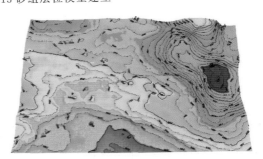

（b）层位地质模型

图 4-4-15   沙三下亚段 13 砂组层位模型建立

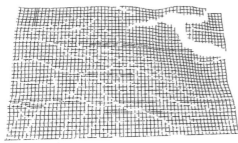

（a）层位地震解释数据

（b）层位地质模型

图 4-4-16   T6 反射层位模型建立

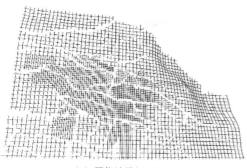

（a）层位地震解释数据

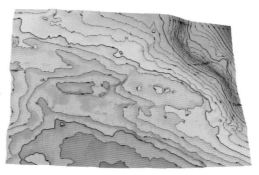

（b）层位地质模型

图 4-4-17　T7 反射层位模型建立

Y176 区块共解释 33 条断层，其基础信息如表 4-4-5 所示。建立的断层模型中，导入 33 组断层地震解释数据，根据解释结果构建断层空间展布形态（图 4-4-18、图 4-4-19）。

表 4-4-5　Y176 区块断层信息

序号	断层名称	序号	断层名称
1	sk－t7p－f1	18	sk_f－L151bei
2	sk－t7p－f1－a	19	sk_f－L152xi
3	sk－t7p－f1－b	20	sk_f－luo15
4	sk－t7p－f1－c	21	sk_f－luo681
5	sk－t7p－f2	22	sk_f－yi16－yi46
6	sk－t7p－f3	23	sk_f－yi21
7	sk－t7p－f4	24	sk_f－yi44
8	sk－t7p－f5	25	sk_f－yi44－yi196
9	sk－t7p－f6	26	sk_f－yi48－yi33
10	sk－t7p－f7	27	sk_f－yi52
11	sk－t7p－f8	28	sk_f－yi56bei
12	sk－t7p－f8－a	29	sk_f－yi71－179
13	sk－f－yi32－yi48	30	sk_f－yi78bei
14	sk_f－bo1bei	31	sk_f－yi187－yi18
15	sk_f－bosh1	32	sk_f－yid4－yi193
16	sk_f－L111	33	sk_f－yid12
17	sk_f－L151		

Y176 工区 $Es_3 13$、T6、$T7'$ 层位模型与断层解释模型结合，如图 4-4-20 所示，构建研究区三维地质模型、断层格架模型与层位地质模型交会，采用布尔运算，获取层位之间断层分布形态。

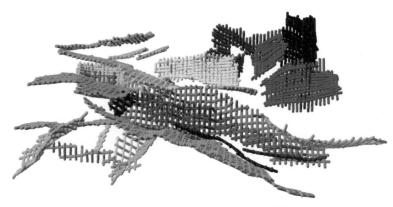

图 4-4-18　Y176 区块地震解释断层

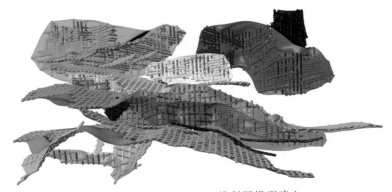

图 4-4-19　Y176 区块三维断层模型建立

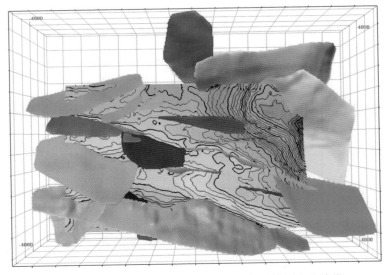

图 4-4-20　Y176 区块三维层位模型与断层模型交会建模

　　对所建立三维地质模型进行小层细化和网格划分。Y176 区块模型共细分 40 组小层,模型划分结构化网格 2 031 120 个,网格节点 2 089 620 个(图 4-4-21)。

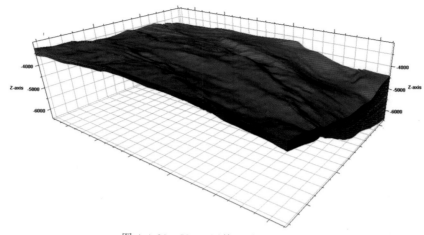

图 4-4-21　Y176 区块三维地质模型

（2）三维属性模型

Y176 区块三维属性模型采用单井属性模型与井间地震体数据采样联合建模的方式建立。井筒局部属性单井分层岩石力学参数离散化获取，井间地震体数据采样，采用协同克里金插值方法建立研究工区的三维属性模型。

将 Y176 区块单井分层岩石力学参数沿工区 40 组小层进行离散，建立义 176 区块单井属性离散化模型，如图 4-4-22 所示。Y176、Y177 典型井岩石力学参数分层离散如图 4-4-23 所示，分层离散数据构成单井分层地应力约束条件。

Y176 区块地震数据体如图 4-4-24 所示，包括工区密度、纵波阻抗、横波阻抗等地球物理数据信息，通过进一步采样，得到密度、纵波阻抗、横波阻抗等数据，建立工区属性模型（图 4-4-25）。

基于 Y176 区块地震体采样数据，并应用岩石力学参数解释模型公式，获取研究工区岩石力学参数变化（动态杨氏模量、泊松比），如图 4-4-26 所示。

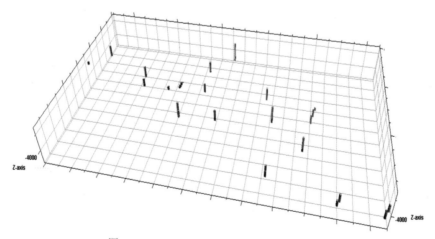

图 4-4-22　Y176 区块单井属性离散化建模

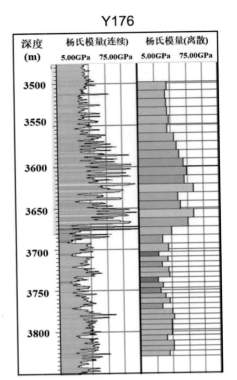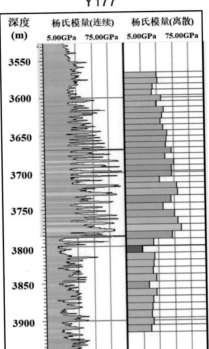

图 4-4-23　Y176、Y177 井岩石力学参数分层离散化建模

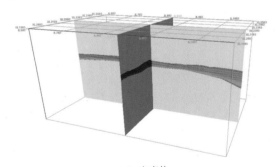

（a）密度体

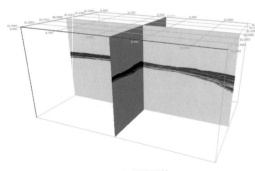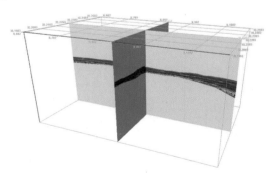

（b）纵波阻抗　　　　　　　　　　　　　（c）横波阻抗

图 4-4-24　义 176 区块地震数据体模型

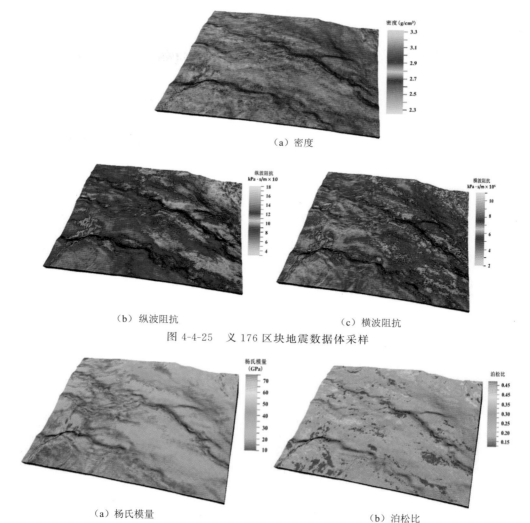

（a）密度

（b）纵波阻抗　　　　　　　　　　　　　（c）横波阻抗

图 4-4-25　义 176 区块地震数据体采样

（a）杨氏模量　　　　　　　　　　　　　　（b）泊松比

图 4-4-26　基于地震体采样数据获取工区岩石力学参数变化

　　以 Y176 区块单井属性模型结果为井点约束、区块地球物理数据体为井间约束,采用协同克里金插值方法建立地质力学属性模型(图 4-4-27)。根据动静态岩石力学参数转换模型,建立 Y176 区块静态岩石力学参数分布模型(图 4-4-28)。

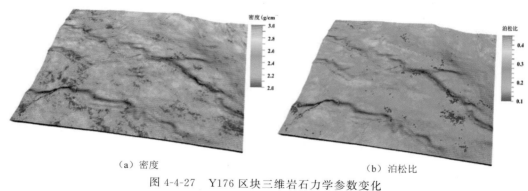

（a）密度　　　　　　　　　　　　　　（b）泊松比

图 4-4-27　Y176 区块三维岩石力学参数变化

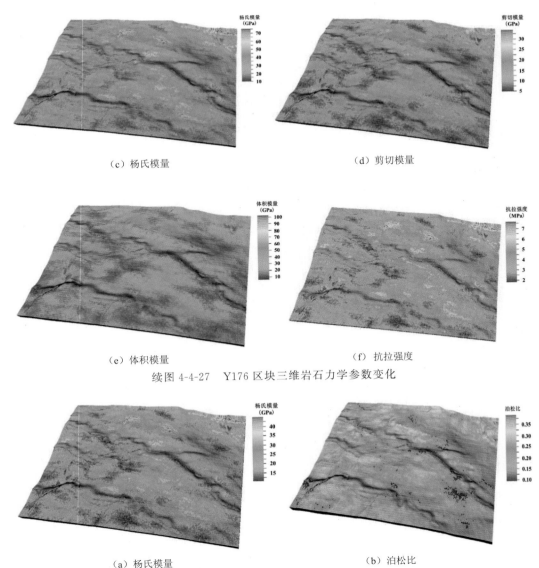

（c）杨氏模量　　　　　　　　　　　　　（d）剪切模量

（e）体积模量　　　　　　　　　　　　　（f）抗拉强度

续图 4-4-27　Y176 区块三维岩石力学参数变化

（a）杨氏模量　　　　　　　　　　　　　（b）泊松比

图 4-4-28　Y176 区块三维静态岩石力学参数变化

　　提取 Y176 区块三维地应力场岩石力学参数测试结果与单井分层岩石力学参数对比（图 4-4-29），如表 4-4-6 至表 4-4-8 所示。除部分层段由于岩性变化剧烈导致的局部误差较大，总体所建立三维属性模型中的岩石力学参数与单井分层应力解释结果误差小于12%，满足精度要求，验证了三维模型参数的可靠性，可进一步应用于研究工区三维地应力场数值模拟测试。

3. 三维地应力场分析

　　以 Y176 区块三维地质模型为基础，结合研究工区三维属性分布，开展三维地应力场分析，评价研究工区三维地应力变化规律。

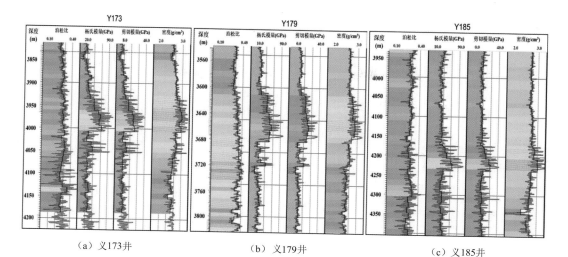

（a）义173井　　　　　　　（b）义179井　　　　　　　（c）义185井

图 4-4-29　Y176 区块三维模型力学参数与单井解释结果对比

表 4-4-6　Y173 井三维模型力学参数与测井解释数据对比

深度（m）	泊松比			弹性模量（GPa）			剪切模量（GPa）		
	测井解释	三维模型	误差	测井解释	三维模型	误差	测井解释	三维模型	误差
3 800	0.25	0.27	7.41	32.04	31.97	0.22	12.81	12.72	0.71
3 850	0.25	0.26	3.85	30.54	32.33	5.86	12.01	12.85	6.54
3 900	0.26	0.26	0.00	34.64	36.91	6.55	13.63	14.65	6.96
3 950	0.31	0.27	14.81	57.67	48.19	16.44	22.55	18.98	18.81
4 000	0.31	0.28	10.71	58.96	63.07	6.97	23.10	24.58	6.02
4 050	0.3	0.29	3.45	36.39	40.87	12.31	14.67	15.78	7.03
4 100	0.23	0.25	8.00	39.28	38.18	2.80	15.35	15.23	0.79
4 150	0.25	0.27	7.41	33.63	34.76	3.36	13.22	13.75	3.85

表 4-4-7　Y179 井三维模型力学参数与测井解释数据对比

深度（m）	泊松比			弹性模量（GPa）			剪切模量（GPa）		
	测井解释	三维模型	误差	测井解释	三维模型	误差	测井解释	三维模型	误差
3 550	0.29	0.28	3.57	31.12	31.07	0.16	12.56	12.08	3.97
3 600	0.29	0.27	7.41	39.53	31.37	26.01	15.31	12.38	23.67
3 650	0.31	0.31	0.00	51.65	50.33	2.62	19.92	19.43	2.52
3 700	0.34	0.31	9.68	35.67	31.79	12.21	13.86	12.32	12.50
3 750	0.32	0.31	3.23	22.66	26.61	14.84	8.73	10.08	13.39
3 800	0.29	0.31	6.45	32.96	29.44	11.96	9.73	11.20	13.13

表 4-4-8　Y185 井三维模型力学参数与测井解释数据对比

深度（m）	泊松比			弹性模量（GPa）			剪切模量（GPa）		
	测井解释	三维模型	误差	测井解释	三维模型	误差	测井解释	三维模型	误差
3 950	0.27	0.26	3.85	37.03	40.59	8.77	14.47	16.08	10.01
4 000	0.28	0.27	3.70	36.48	35.23	3.55	14.18	13.85	2.38
4 050	0.26	0.27	3.70	37.58	37.33	0.67	14.66	14.73	0.48
4 100	0.27	0.28	3.57	37.97	39.19	3.11	14.83	15.32	3.20
4 150	0.28	0.27	3.70	40.96	40.07	2.22	16.02	15.78	1.52
4 200	0.27	0.26	3.85	34.39	41.87	17.86	13.67	16.78	18.53
4 250	0.25	0.27	7.41	44.28	40.88	8.32	17.30	16.11	7.39
4 300	0.29	0.29	0.00	38.82	40.76	4.76	15.15	15.75	3.81

（1）三维地应力场分析模型

采用构造应变模型开展 Y176 区块三维地应力场测试，为消除边界效应的影响，将所建立的研究工区三维地质模型范围延拓，构建三维应力场分析模型。如图 4-4-30 所示，侧向边界延伸至 2～3 倍模型尺寸，上顶面延伸至水平面，下底面延伸至 −38 km，水平 x 方向长度 82 km；水平 y 方向长度 54.35 km，以消除边界效应影响。

图 4-4-30　Y176 区块三维地应力场模型及网格划分

模型加载边界条件如图 4-4-31 所示，在拓展模型边界施加构造应变边界条件，经过多组测试分析，确定加载边条件为 $\zeta_H = 1.026 \times 10^{-3}$，$\zeta_h = 4.23 \times 10^{-4}$，最小主应变方位角为 17.5°。

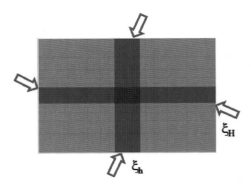

图 4-4-31　Y176 区块三维地应力场测试构造应变边界

上部盖层、下部底层所采用各向同性岩石力学参数,如表 4-4-9 所示,中间研究工区岩石力学参数根据 Y176 区块三维属性模型赋值。研究工区断层模型采用接触单元进行分析,模型参数取值如表 4-4-10 所示。

表 4-4-9　模型盖层、底层岩石力学参数

层位	弹性模量(GPa)	泊松比	密度(g/cm³)	Biot 系数	孔隙度(%)
盖层	20	0.28	2.53	1.0	0.30
底层	35	0.22	2.85	1.0	0.15

表 4-4-10　断层模型参数取值

法向刚度(MPa/m)	切向刚度(MPa/m)	内聚力(MPa)	内摩擦角(°)
400	150	0.1	20

(2)三维地应力场测试精度分析

提取 Y176 区块 Y173、Y172、Y179、Y185 四口井三维地应力场分析数据(图 4-4-32),并与单井分层地应力解释结果对比,如表 4-4-11~4-4-13 所示。除局部层间应力变化幅度较大的层位外,Y173 井三维地应力计算结果与一维井筒应力解释结果具有很好的一致性,误差小于 12%,达到测试精度要求。

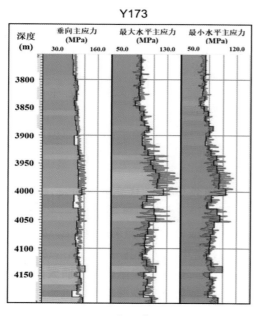

(a) 义173井

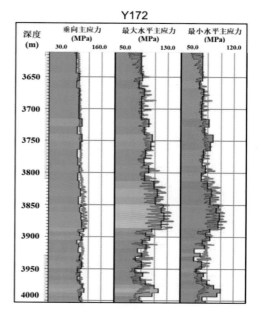

(b) 义172井

图 4-4-32　Y176 区块单井测试结果与测试解释数据对比

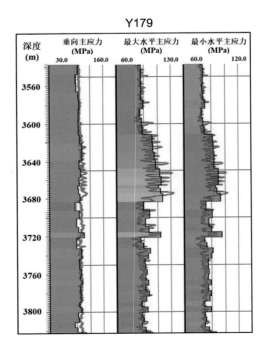

（c）义179井

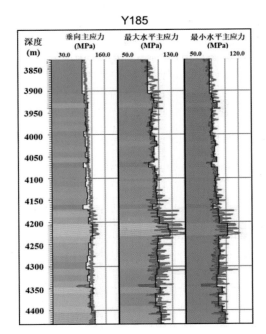

（d）义185井

续图 4-4-32　Y176 区块单井测试结果与测试解释数据对比

表 4-4-11　Y173 井地应力测试精度分析

深度/m	垂向地应力（MPa）			最大水平地应力（MPa）			最小水平地应力（MPa）		
	模型测试	测井解释	误差（%）	模型测试	测井解释	误差（%）	模型测试	测井解释	误差（%）
3 800	95.27	91.62	3.83	84.97	81.83	3.70	74.1	72.22	2.54
3 850	100.07	95.55	4.52	87.07	82.09	5.72	75.86	72.96	3.82
3 900	101.21	95.6	5.54	88.43	87.95	0.54	76.96	78.32	1.77
3 950	103.45	95.76	7.43	88.71	94.85	6.92	77.56	82.85	6.82
4 000	105.3	103.99	1.24	97.62	108.77	11.42	86.29	94.72	9.77
4 050	106.01	98.96	6.65	96.75	103.8	10.19	87.99	88.95	1.09
4 100	105.51	97.91	7.20	92.8	89.33	3.74	80.69	78.86	2.27

表 4-4-12　Y179 井地应力测试精度分析

深度/m	垂向地应力（MPa）			最大水平地应力（MPa）			最小水平地应力（MPa）		
	三维模型	测井解释	误差（%）	三维模型	测井解释	误差（%）	三维模型	测井解释	误差（%）
3 550	93.03	85.54	8.76	84.50	78.62	7.48	72.58	69.42	4.55
3 600	94.50	85.66	10.32	85.61	79.11	8.22	73.58	69.54	5.81
3 650	101.57	93.83	8.25	99.26	100.81	1.54	82.84	84.71	2.21
3 700	94.98	87.12	9.02	75.98	88.20	13.85	68.12	78.74	13.49
3 750	92.93	87.42	6.30	79.76	83.18	4.11	70.25	74.39	5.57
3 800	95.87	90.68	5.72	79.25	86.21	8.07	70.47	77.33	8.87

表 4-4-13　Y185 井地应力测试精度分析

深度/m	垂向地应力（MPa）			最大水平地应力（MPa）			最小水平地应力（MPa）		
	三维模型	测井解释	误差（%）	三维模型	测井解释	误差（%）	三维模型	测井解释	误差（%）
3 950	104.02	94.81	9.71	89.95	89.20	0.84	78.38	77.54	1.08
4 000	104.74	93.99	11.44	89.08	88.38	0.79	78.08	76.73	1.76
4 050	105.83	95.18	11.19	90.54	91.04	0.55	79.23	79.62	0.49
4 100	107.97	97.60	10.63	92.47	95.40	3.07	80.79	81.20	0.50
4 150	107.29	97.78	9.73	87.35	95.55	8.58	85.96	84.12	2.19
4 200	118.46	100.43	17.95	111.40	93.87	18.67	93.82	80.98	15.86
4 250	110.71	100.60	10.05	90.96	95.56	4.81	80.64	83.12	2.98
4 300	106.59	97.88	8.90	89.22	97.16	8.17	79.70	84.45	5.62

　　Y176 区块单井地应力方向测试精度分析如图 4-4-33、表 4-4-14 所示。研究结果与现场测井资料解释、水力压裂微地震监测等数据资料获取的最大水平地应力方向对比，误差小于 10.5%，满足精度要求。

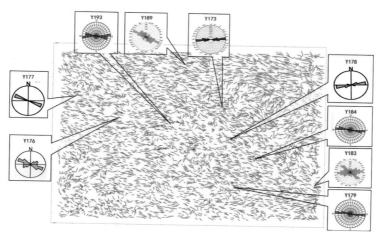

图 4-4-33　Y176 区块三维地应力场方向分布图

表 4-4-14　Y176 区块地应力方向测试精度分析

井号	现场测试	确定方法	反演结果	误差
Y177	NE 87.5°～91.0°	测井解释	NE95.5°	4.9%
Y176	NE 76.7°	压裂监测	NE75°	2.2%
Y193	NE95°～103.8°	测井解释	NE100°	5.0%
Y189	NE110°	测井解释	NE112°	1.8%
Y173	NE81.6°～96.6°	测井解释	NE95°	10.5%
Y184	NE110°	测井解释	NE115°	4.5%
Y183	NE85°～110°	测井解释	NE110°	8.6%
Y179	NE110°	测井解释	NE115°	4.5%

（3）三维地应力场变化规律

Y176 区块 $Es_3$13、T6、T7′三个层位最大水平地应力变化如图 4-4-34 所示，其中 $Es_3$13 层位最大水平地应力 65～110 MPa；T6 层位最大水平地应力 65～105 MPa；T7′层位最大水平地应力 70～110 MPa。

（a）Es3-13层

（b）T6层

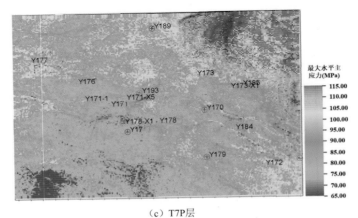

（c）T7P层

图 4-4-34　Y176 区块最大水平应力场变化

区块内 YY17、Y178-X1 等井处于较低水平应力区域，最大水平地应力 55～65 MPa；Y171、Y171-1、Y172、Y176 等井处于中等水平应力区域，最大水平地应力 70～85 MPa；

Y189、Y173-X1、Y185 等井处于较高应力区域,最大水平地应力 85～105 MPa。

Y176 区块 Es₃13、T6、T7′三个层位最小水平地应力变化如图 4-4-35,其中 Es₃13 层位最小水平地应力 50～95 MPa;T6 层位最小水平地应力 60～90 MPa;T7′层位最小水平地应力 60～100 MPa。

（a）Es₃13层

（b）T6层

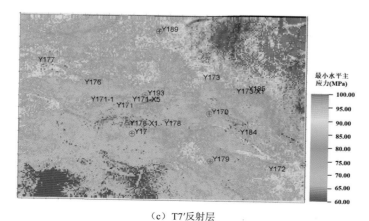

（c）T7′反射层

图 4-4-35　Y176 区块最小水平应力场变化

Y176 区块垂向地应力变化主要受研究工区深度及局部密度变化影响,呈现西南部低,东北部较高的变化趋势。Y176 区块 Es$_3$13、T6、T7′ 3 个层位垂向地应力变化如图 4-4-36 所示,其中 Es$_3$13 层位垂向地应力 70～110 MPa;T6 层位垂向地应力 70～115 MPa;T7′层位垂向地应力 75～120 MPa。

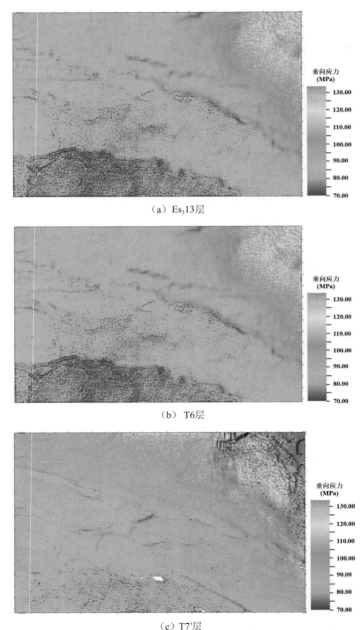

（a）Es$_3$13层

（b）T6层

（c）T7′层

图 4-4-36　Y176 区块垂向应力场变化

　　Y176 区块沙三下层段最大水平地应力方向如图 4-4-37 所示,Y176 区块沙三下亚段最大水平地应力方向以北西西—南东东方向为主,方向为北东 110°～125°;Y176 井区域附近受 B1 北、Y44～Y196、Y187～Y18、YD12 等断层应力扰动影响,方向为北东 65～75°,如图 4-4-38 所示。

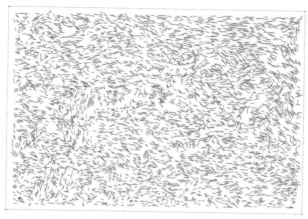

图 4-4-37 Y176 区块沙三下最大水平应力方向

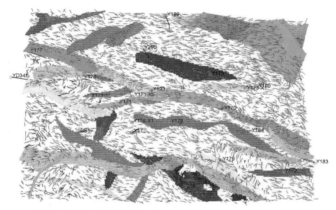

图 4-4-38 断层对沙三下层最大水平应力方向影响

Y176 区块沙四上亚段最大水平主应力方向变化如图 4-4-39、图 4-4-40 所示。局部最大水平地应力方向产生偏转，Y176 井区域附近转为北东 110°～125° 方向。区块东北部区域转为北东 65°～75° 方向。应力场数值模拟结果与该区域单井测井解释、水力压裂裂缝方位检测结果取得较好的一致，可为压裂改造、井网部署及区块整体压裂改造等开发方案优化提供设计依据。

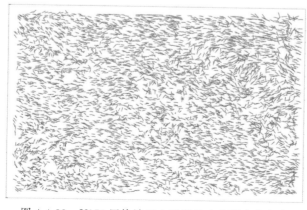

图 4-4-39 Y176 区块沙四上亚段最大水平应力方向

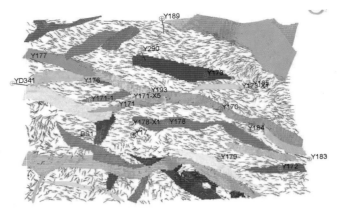

图 4-4-40　断层对沙四上亚段最大水平应力方向影响

（4）连井剖面地应力变化规律

截取 Y176 区块中不同位置的典型连井剖面,获取了岩石力学及地应力参数沿单井—井间剖面变化规律。

Y177-Y176-Y193-Y184-Y183 连井剖面位置如图 4-4-41 所示,提取沿该连井剖面的杨氏模量、水平最大地应力、水平最小地应力变化如图 4-4-42 所示。

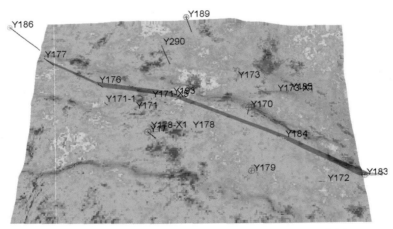

图 4-4-41　Y177-Y176-Y193-Y184-Y183 连井剖面示意图

图 4-4-42 结果显示,该剖面层间岩石力学参数、地应力非均质性显著,变化差异较大。Y177-Y176 井中间层段为岩石力学、地应力参数较高区域,压裂过程中容易在该位置形成应力遮挡;Y193-Y184 剖面下部为应力较高区域;Y184-Y183 剖面岩石力学参数、地应力数值较大,将导致该位置致密油储层改造破裂压力较高。

Y171-Y173 井连井剖面位置如图 4-4-43 所示。结果表明(图 4-4-44),Y171 井区域附近为上下部应力较高,中间层段应力较低变化趋势;压裂过程中能够形成上、下部应力遮挡,有效控制缝高;而 Y173 井区域中间层段应力较高,上、下部应力较低,压裂过程中应采取有效缝高控制措施。

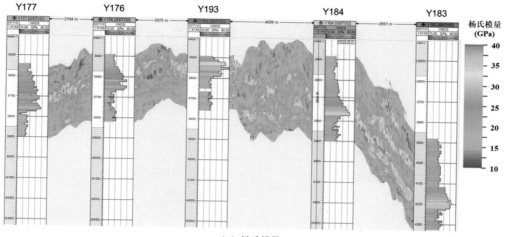

（a）杨氏模量

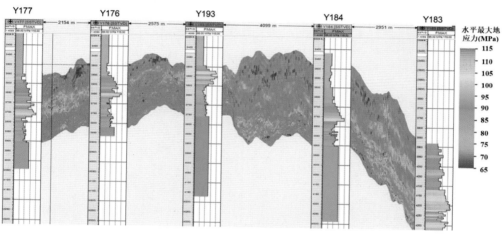

（b）水平最大地应力

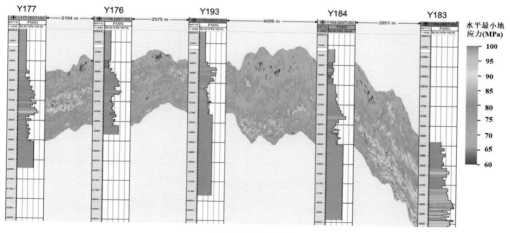

（c）水平最小地应力

图 4-4-42　Y177-Y176-Y193-Y184-Y183 连井剖面三维地应力变化

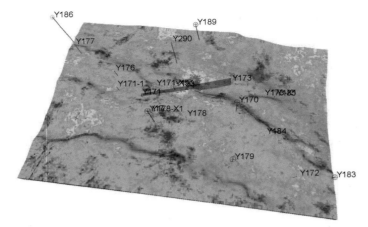

图 4-4-43　Y171-Y173 连井剖面示意图

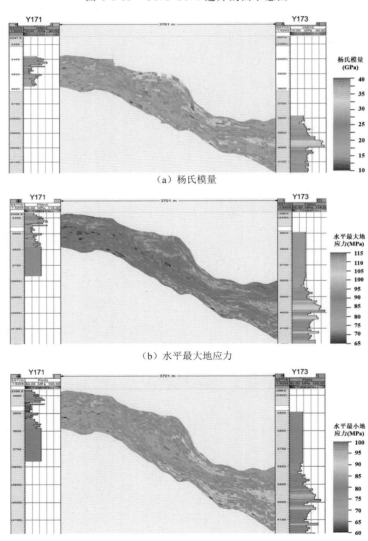

（a）杨氏模量

（b）水平最大地应力

（c）水平最小地应力

图 4-4-44　Y171-Y173 连井剖面三维地应力变化

Y176-Y189 井连井剖面位置如图 4-4-45 所示,三维地应力模拟结果如图 4-4-46 所示。Y176 井附近为上部沙三下亚段地应力数值较高,而沙四上亚段地应力数值较低;Y189 井沙三下至沙四上亚段水平地应力数值增大;水平最大地应力 85.0～110 MPa,水平最小地应力 75～95 MPa。

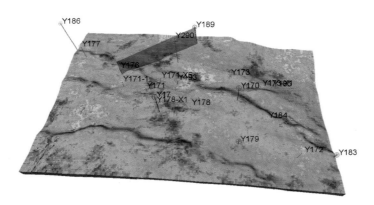

图 4-4-45　Y176-Y189 连井剖面示意图

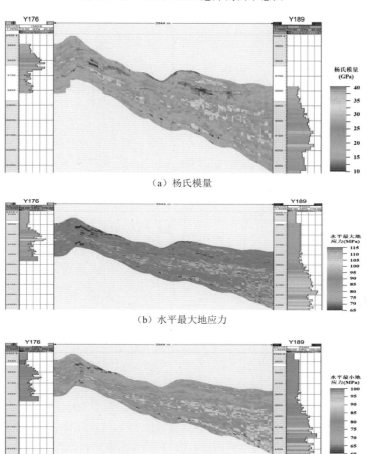

（a）杨氏模量

（b）水平最大地应力

（c）水平最小地应力

图 4-4-46　Y176-Y189 连井剖面三维地应力变化

Y179-Y184 井连井剖面位置如图 4-4-47 所示，连井三维地应力模拟结果如图 4-4-48 所示。井间最大水平地应力变化范围 65～110 MPa，井间最小水平地应力变化范围 60～90 MPa。其中 Y179 井、Y164 井上部沙三下亚段水平应力较高，可以形成应力遮挡，有利于控制缝高扩展。

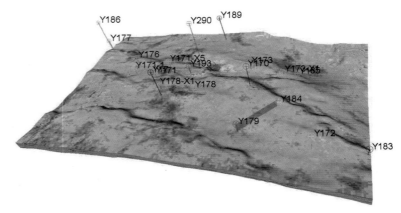

图 4-4-47　Y179-Y184 连井剖面示意图

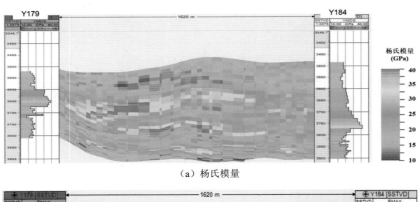

（a）杨氏模量

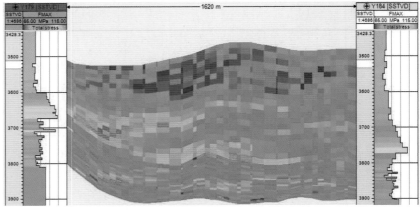

（b）水平最大地应力

图 4-4-48　Y179-Y184 连井剖面三维地应力变化

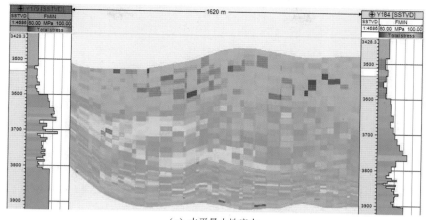

（c）水平最小地应力

续图 4-4-48　Y179-Y184 连井剖面三维地应力变化

4. 致密储层"工程甜点"分析

致密储层"工程甜点"是储层具有能够被有效压裂从而增产的性质。"工程甜点"评价目的是在"地质甜点段"优选出最利于水平井分段压裂施工的层位和平面位置，以期获得最佳压裂效果。工程甜点的相关参数包括：脆性矿物含量、脆性指数、杨氏模量、泊松比、最大及最小水平主应力、应力差异系数、孔隙压力梯度等。

在 Y176 区块杨氏模量、泊松比及最大、最小水平地应力评价的基础上，本次应用脆性指数、水平应力差异两项指标开展 Y176 区块致密储层"工程甜点"分析测试。

脆性指数的评价模型为：

$$E_{BRIT} = \left[(E_s - E_{\min}) / (E_{\max} - E_{\min}) \right] \times 100$$

$$v_{BRIT} = \left[(v_s - v_{\max}) / (v_{\min} - v_{\max}) \right] \times 100$$

$$BRIT = (E_{BRIT} + v_{BRIT}) / 2$$

（4-4-2）

式中：$BRIT$——脆性指数指标；

　　　E_{BRIT}，v_{BRIT}——归一化弹性模量泊松比。

Y176 区块脆性指数变化如图 4-4-49 所示，$Es_3 13$ 层位脆性指数较高，达到 40%～75%，T6 层位脆性指数 20%～70%，T7′层位脆性指数 15%～60%。研究表明，脆性指数 20%～40%，压裂裂缝形态以多缝为主；脆性指数 50%～80%，压裂有利于形成体积缝网。Y178-X1、Y178、Y171 等井所在区域脆性指数较低，压裂裂缝形态以多缝为主，而 Y176、Y189、Y173 等井所在区域脆性指数较高，有利于压裂形成体积改造缝网。

Y176 区块水平地应力差值变化如图 4-4-50，其中应力差在 2.0 MPa～7.0 MPa 范围的区域，能够利用致密体积压裂改造过程缝间应力干扰效应形成应力转向区域，有利于增大裂缝的复杂性，形成体积缝网；而应力场差值大于 8.0 MPa 以上的区域，由于最大水平主应力对裂缝扩展的控制作用，压裂改造为主裂缝扩展形态。

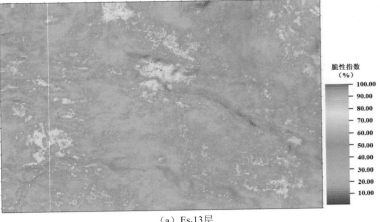

（a）Es₃13层

（b）T6层

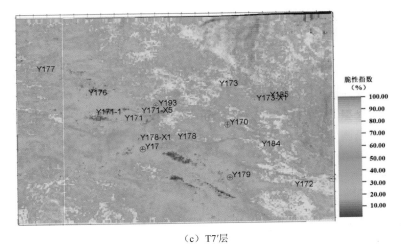

（c）T7′层

图 4-4-49　Y176 区块脆性指数变化

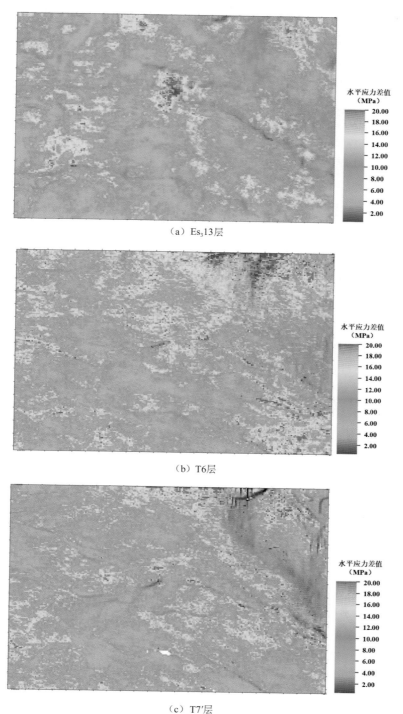

（a）Es₃13层

（b）T6层

（c）T7′层

图 4-4-50 义 176 区块水平应力差值变化

三、Y560 区块三维地应力场

Y560 区块位于东营凹陷北带东部,属于典型的砂砾岩油藏。Y560 区块三维地质模型构建包括 Y560 区块单井模型构建、Y560 区块三维地质模型建立两项内容。

1. 单井模型建立

（1）单井三维分布模型

研究中首先整理 Y560 区块 17 口单井基础数据（井位坐标、测深、井斜角、方位角、密度、声波时差等），按照各井井位坐标、测深、井斜角、方位角建立井组轨迹模型。

图 4-4-51 为 Y560"井工厂"井组轨迹,包括 Y560、Y560-X2、Y560-X3、Y560-X4、Y560-X5、Y560-X6、Y560-X7、Y560-X8、Y560-X9 等 9 口井。根据 Y560 区块井位坐标和井身轨迹数据,建立的研究区 17 口单井三维分布模型如图 4-4-52 所示。

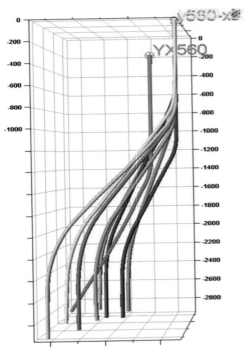

图 4-4-51　Y560"井工厂"井组轨迹模型

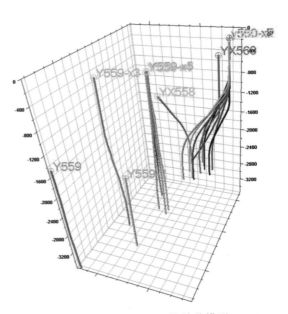

图 4-4-52　Y560 区块单井模型

（2）单井地应力大小、方向分析

Y560 区块单井地应力大小主要通过现场水力压裂资料解释获取,如图 4-4-53,共解释研究区 7 口井压裂施工数据,确定压裂层段地应力大小如表 4-4-15 所示。根据现场水力压裂监测数据确定 Y560 区块最大水平地应力 43.2～57.1 MPa;最小水平地应力 39.5～46.2 MPa。

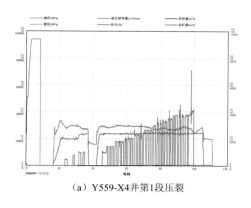

（a）Y559-X4井第1段压裂

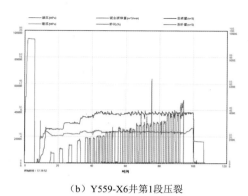

（b）Y559-X6井第1段压裂

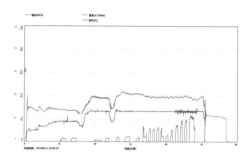

（c）Y560-X9井第1段压裂

图 4-4-53 永 560 区块单井压裂施工记录

表 4-4-15 Y560 区块单井地应力解释

序号	井号	破裂压力（MPa）	停泵压力（MPa）	最大水平地应力（MPa）	最小水平地应力（MPa）
1	Y560-X2	35	14.3	49.3	44.3
2	Y560-X3	27.0	14.5	50.5	44.5
3	Y560-X6	26.5	15.1	51.8	45.1
4	Y560-X9	28.3	16.2	50.3	46.2
5	Y559-X5	24.7	17.4	44.2	40.3
6	Y559-X6	25.3	13.5	43.2	39.5
7	Y559-X7	23.4	17.5	57.1	45.5

Y560 区块单井地应力方向主要通过水力压裂微地震监测数据方向确定,微地震监测记录水力裂缝扩展方位为最大水平地应力方向。测试过程中共收集研究区 Y560-X6、Y560-X9、Y559-X4、Y559-X5、Y559-X6、Y559-X7 等 6 口井水力压裂微地震监测记录,如图 4-4-54~图 4-4-59 所示。

Y560-X6 井第 1 段压裂共监测到 262 个微地震事件,如图 4-4-54 所示,裂缝方位107.6°,受到断层影响,东翼裂缝半缝长 151 m,西翼裂缝半缝长 140 m,总缝长 291 m。

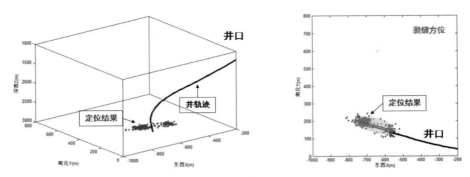

图 4-4-54   Y560-X6 井微地震监测记录

Y560-X9 井第 1 段压裂共监测到 257 个微地震事件,如图 4-4-55 所示,裂缝方位129.5°,裂缝半缝长 75 m,缝高 100 m,裂缝延伸受到东西向垂直断层影响。

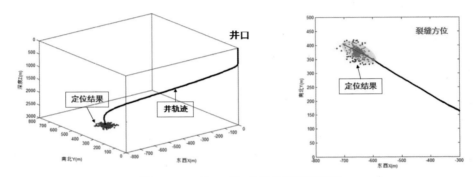

图 4-4-55   Y560-X9 井微地震监测记录

Y559-X4 井压裂施工记录如图 4-4-56,四段监测裂缝半缝长分别为 153 m、178 m、175 m、169 m,监测裂缝方位为 NE78.2°、NE76.5°、NE75.6°、NE73.6°,共记录破裂事件 341个。

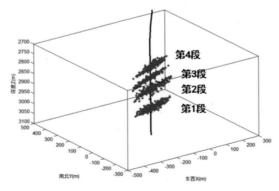

图 4-4-56   Y559-X4 井微地震监测记录

Y559-X5 井压裂施工记录如图 4-4-57 所示,监测裂缝半缝长为 159 m,监测裂缝方位为 NE78.2°,共记录破裂事件 77 个。

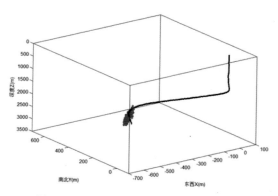

图 4-4-57　Y559-X5 井微地震监测记录

Y559-X6 井压裂施工记录如图 4-4-58 所示,两段监测裂缝半缝长分别为 178 m、175 m,监测裂缝方位为 NE70.4°、NE70.5°,共记录破裂事件 243 个。

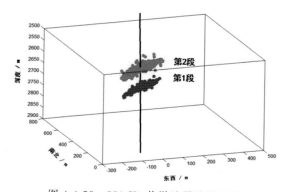

图 4-4-58　559-X6 井微地震监测记录

Y559-X7 井压裂施工记录如图 4-4-59 所示,4 段监测裂缝半缝长分别为 163 m、167 m、166 m、168 m,监测裂缝方位为 NE72.4°、NE75.9°、NE79.3°、NE74.3°,共记录破裂事件 348 个。

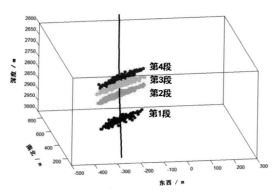

图 4-4-59　Y559-X7 井微地震监测记录

（3）单井分层地应力参数模型

根据研究建立的研究区纵横波速转换关系及测井岩石力学参数解释模型公式,建立研究区分层岩石力学参数模型,如图 4-4-60 所示。

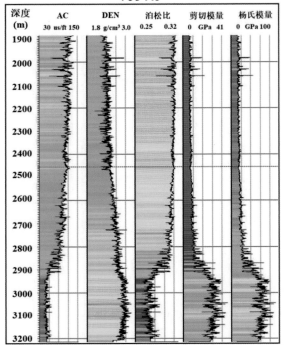

（a）Y559-X6井分层岩石力学参数解释

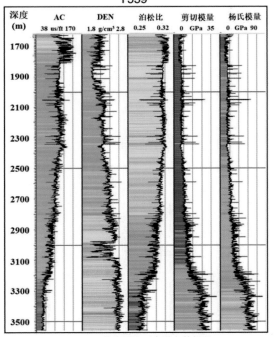

（b）Y559井分层岩石力学参数解释

图 4-4-60　Y560 区块单井分层岩石力学参数解释

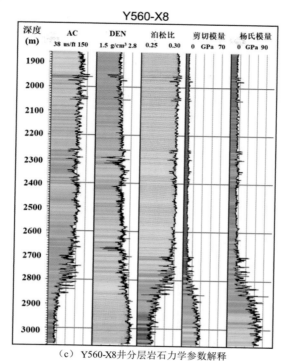

（c）Y560-X8井分层岩石力学参数解释

续图 4-4-60 Y560 区块单井分层岩石力学参数解释

根据 Y560 区块单井水力压裂解释数据和单井分层岩石力学参数解释成果,确定 Y560 区块最大构造应变系数 ξ_H 为 1.26×10^{-3},最小构造应变系数 ξ_h 为 5.13×10^{-4},解释 Y560 区块单井分层地应力变化如图 4-4-61 所示。

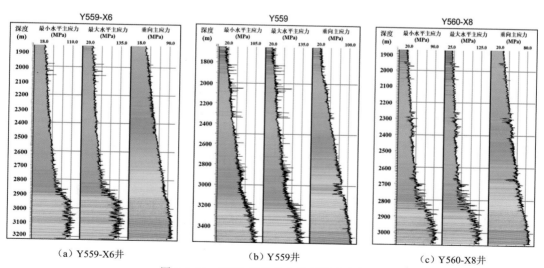

（a）Y559-X6井   （b）Y559井   （c）Y560-X8井

图 4-4-61 Y560 区块单井分层地应力解释

最终,建立的 Y560 区块单井分层地应力变化三维模型如图 4-4-62 所示。

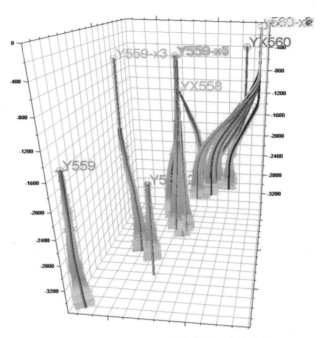

图 4-4-62　Y560 区块单井分层地应力变化

2. 三维模型建立

（1）三维地质模型

Y560 区块三维层位模型主要包括 T6、T7 两个地震解释层位（图 4-4-63、图 4-4-64），同时根据单井解释结果表 4-4-16、表 4-4-17 进行层位校正。

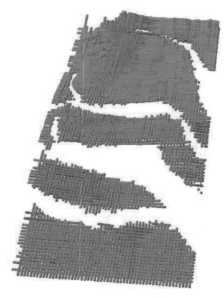 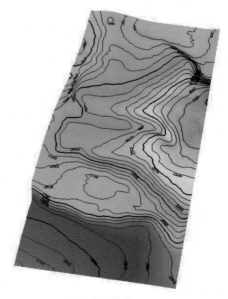

（a）层位地震解释数据　　　　　　　　（b）层位地质模型

图 4-4-63　Y560 区块 T6 层位模型建立

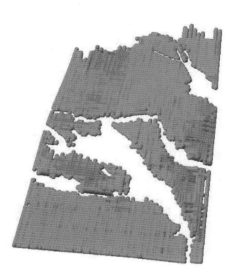
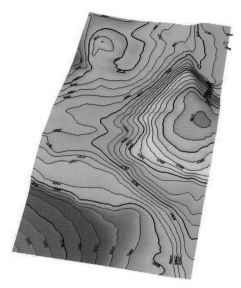

（a）层位地震解释数据　　　　　　　（b）层位地质模型

图 4-4-64　Y560 区块 T7 层位模型建立

表 4-4-16　Y560 区块 T6 层校正

井号	T6(m)	垂深 TVD(m)	时间（ms）	东营速度（m/s）
YX560	2 800	2 425	1 954	2 354
YX558	2 525	2 235	1 894	2 264
Y559－2	2 223	2 223	1 926	2 312

表 4-4-17　Y560 区块 T7 层校正

井号	T7(m)	垂深 TVD(m)	时间（ms）	东营速度（m/s）
YX560	3 039	2 767	2 274	2 858
YX558	3 037	2 740	2 221	2 772
Y559	2 565	2 565	2 138	2 633
Y559－2	2 476	2 476	2 092	2 567

　　Y560 区块共解释 6 条断层，建立断层模型过程中，导入断层地震解释数据，根据解释结果构建断层空间展布形态（图 4-4-65）。由于考虑地震体数据后，F3 断层无相关对应地震数据，因此模型中主要包括 F1、F2、F4、F5、F6 五条断层。

　　层位模型与断层模型联合建立 Y560 工区三维地质模型（图 4-4-66），模型划分 833 931 个网格单元，864 800 个网格节点。

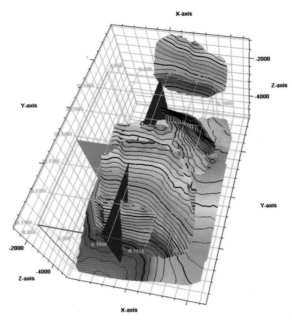

图 4-4-65　Y560 区块断层模型

图 4-4-66　Y560 区块三维地质模型

（2）三维属性模型

Y560 区块三维属性模型采用单井属性模型与井间地震体数据采样联合建模的方式建立。井筒局部属性单井分层岩石力学参数离散化获取，井间地震体数据采样，采用协同克里金插值方法建立研究区的三维属性模型。

将 Y560 区块单井分层岩石力学参数沿工区 40 组小层进行离散，建立 Y560 区块单井属性离散化模型如图 4-4-67 所示，分层离散数据构成单井分层地应力约束条件。

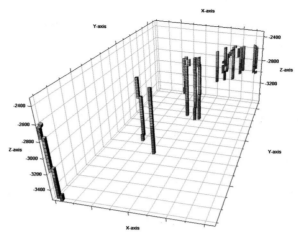

图 4-4-67　Y560 区块单井属性离散化建模

　　Y560 区块地震数据体如图 4-4-68 所示,包括工区密度、纵波波速、横波波速等地球物理数据信息。根据研究工区地震资料数据体采样密度、纵波波速、横波波速等数据,建立工区属性模型。

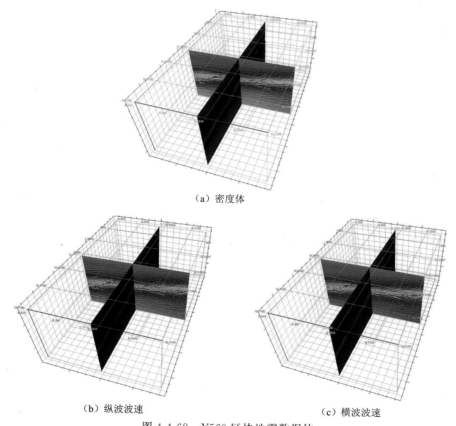

（a）密度体

（b）纵波波速　　　　　　　　　　　　（c）横波波速

图 4-4-68　Y560 区块地震数据体

　　根据单井测井解释密度、纵波波速、横波波速数据和地震体密度、纵波波速、横波波速参数,应用克里金插值方法建立工区基础参数属性体如图 4-4-69 所示。

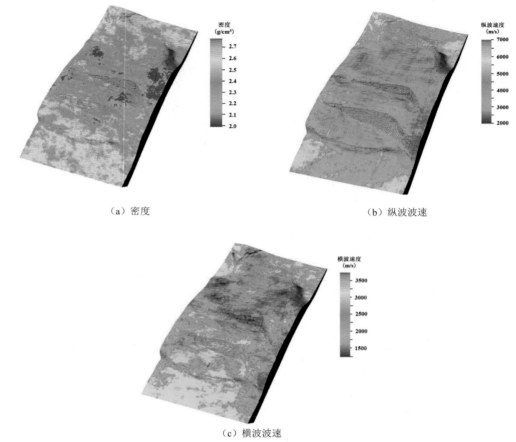

（a）密度

（b）纵波波速

（c）横波波速

图 4-4-69　Y560 区块基础属性数据体

　　基于 Y560 区块地震体采样数据，并应用岩石力学参数解释模型公式，获取了研究区岩石力学参数变化（动态杨氏模量、泊松比）（图 4-4-70）。

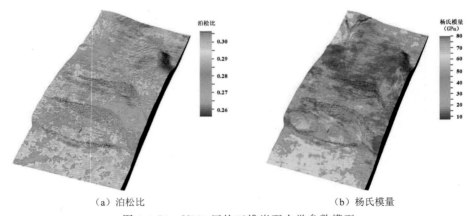

（a）泊松比

（b）杨氏模量

图 4-4-70　Y560 区块三维岩石力学参数模型

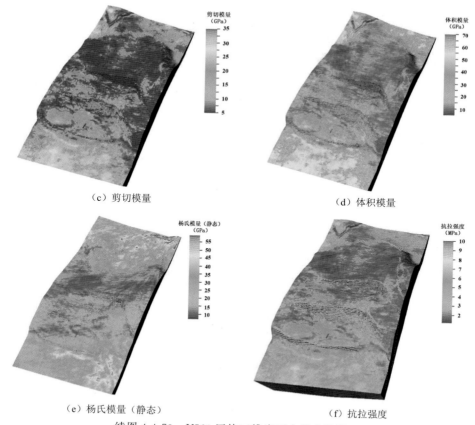

（c）剪切模量 　　　　　　　　　　　（d）体积模量

（e）杨氏模量（静态）　　　　　　　　（f）抗拉强度

续图 4-4-70　Y560 区块三维岩石力学参数模型

　　提取 Y560 区块三维地应力场岩石力学参数测试结果与单井分层岩石力学参数对比（图 4-4-71）表明,三维岩石力学模型结果与单井分层地应力解释结果取得较好的一致,验证了三维模型参数的可靠性,可进一步应用于研究工区三维地应力场数值模拟。

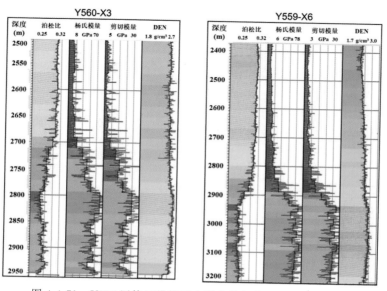

图 4-4-71　Y560 区块三维模型力学参数与单井解释结果对比

3. 三维地应力场分析

以 Y560 区块三维地质模型为基础,结合研究工区三维属性分布,开展三维地应力场分析,评价研究工区三维地应力变化规律。

(1) 三维地应力场分析模型

采用构造应变模型开展 Y560 区块三维地应力场测试,为消除边界效应的影响,将所建立的研究工区三维地质模型范围延拓,构建三维应力场分析模型。如图 4-4-72 所示,侧向边界延伸至 2～3 倍模型尺寸,在拓展模型边界施加构造应变边界条件,经过多组测试分析,确定边界加载条件为 $\zeta_H = 1.26 \times 10^{-3}$,$\zeta_H = 5.13 \times 10^{-4}$,最小主应变方位角为 $-19.5°$。

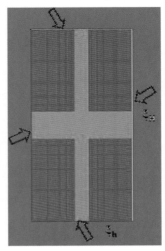

图 4-4-72   Y560 区块三维地应力场测试构造应变边界

上部盖层、下部底层所采用各向同性岩石力学参数,如表 4-4-18 所示,中间研究区岩石力学参数根据 Y560 区块三维属性模型赋值。研究区断层模型采用接触单元进行分析,模型参数取值如表 4-4-19 所示。

表 4-4-18   模型盖层、底层岩石力学参数

层位	弹性模量(GPa)	泊松比	密度(g/cm³)	Biot 系数	孔隙度
盖层	20	0.28	2.53	1.0	0.30
底层	35	0.22	2.85	1.0	0.15

表 4-4-19   断层模型参数取值

法向刚度(MPa/m)	切向刚度(MPa/m)	内聚力(MPa)	内摩擦角(°)
400	150	0.1	20

(2)三维地应力场测试精度分析

提取 Y560 区块 Y559-X5、Y560-X6 两口井三维地应力场分析数据,并与单井分层地应力解释结果对比,如表 4-4-20、表 4-4-21 所示。除局部层间应力变化幅度较大的层位外,Y560 区块三维地应力计算结果与一维井筒应力解释结果具有很好的一致性,误差小于 11%,达到了精度要求(图 4-4-73)。

表 4-4-20 Y559-X5 井地应力测试精度分析

深度/m	最大水平地应力/MPa			最小水平地应力/MPa			垂向地应力/MPa		
	测井解释	三维模型	误差/%	测井解释	三维模型	误差/%	测井解释	三维模型	误差/%
2 700	62.58	58.80	6.43	54.88	51.82	5.91	58.74	57.98	1.31
2 800	62.65	58.43	7.22	55.32	52.75	4.87	59.74	59.54	0.34
2 900	68.71	63.81	7.68	61.02	56.70	7.62	64.61	58.92	9.66
3 000	70.58	73.41	3.86	61.64	66.51	7.32	65.08	70.82	8.11
3 100	97.32	87.82	10.82	78.09	70.58	10.64	71.68	75.05	4.49
3 200	99.33	91.87	8.12	79.92	72.79	9.80	74.56	76.69	2.78

表 4-4-21 Y559-X6 井地应力测试精度分析

深度/m	最大水平地应力/MPa			最小水平地应力/MPa			垂向地应力/MPa		
	测井解释	三维模型	误差/%	测井解释	三维模型	误差/%	测井解释	三维模型	误差/%
2 500	56.18	53.40	5.21	49.38	47.19	4.64	51.52	53.18	3.12
2 600	57.85	55.64	3.97	51.66	50.52	2.26	56.24	55.01	2.24
2 700	62.86	57.81	8.74	55.63	52.20	6.57	60.61	57.52	5.37
2 800	65.15	60.05	8.49	57.64	55.51	3.84	63.08	59.82	5.45
2 900	87.32	73.82	18.29	71.60	63.08	13.51	67.68	70.71	4.29
3 000	98.70	89.44	10.35	78.87	72.04	9.48	71.85	74.32	3.32
3 100	105.29	89.85	17.18	85.31	77.45	10.15	76.40	78.21	2.31

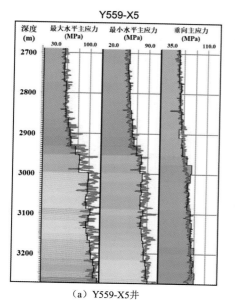
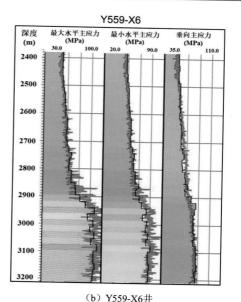

（a）Y559-X5井　　　　　　　　　　（b）Y559-X6井

图 4-4-73 Y560 区块单井测试结果与测试解释数据对比

　　Y560 区块单井地应力方向测试精度分析如图 4-4-74 所示。现场水力压裂微地震监测数据显示，Y560-X6 井地应力方向为北东 107.6°，模拟测试结果北东 125°；现场测试

Y560-X9 井地应力方向为北东 127.9°,模拟测试结果北东 125°;现场测试 Y559-X4 井地应力方向为北东 75.6°,模拟测试结果北东 80°;现场测试 Y559-X7 井地应力方向为北东 75.9°,模拟测试结果北东 70°;现场水力压裂微地震监测与三维数值模拟测试结果误差小于 11%,满足精度要求。

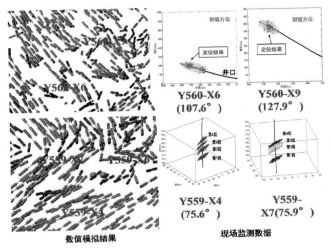

图 4-4-74　Y560 区块三维地应力场方向分析

（3）三维地应力场变化规律

Y560 区块最大水平应力变化如图 4-4-75 所示,其中 T6 层位油藏最大水平地应力主要分布在 45.0～82.0 MPa;T7 层位油藏最大水平地应力变化范围在 50.0～95 MPa。Y559 井组所在区域最大水平地应力为 45～60 MPa,Y560 井组所在区域最大水平地应力较高,达到 55～75 MPa。

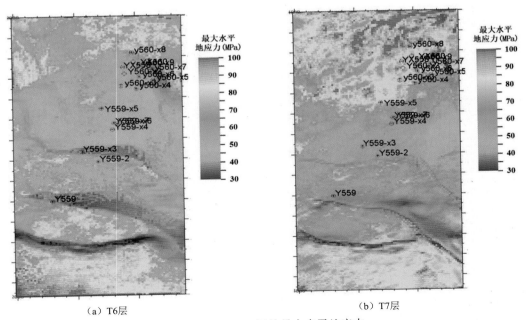

（a）T6层　　　　　　　　　　　　　　（b）T7层

图 4-4-75　Y560 区块最大水平地应力

Y560 区块最小水平地应力变化如图 4-4-76 所示,T6 层位油藏最小水平地应力主要分布在 40.0～70.0 MPa;T7 层位油藏最小水平地应力变化范围在 45.0～80.0 MPa。

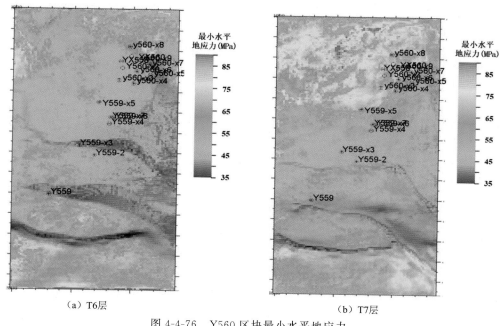

（a）T6层　　　　　　　　　　（b）T7层

图 4-4-76　Y560 区块最小水平地应力

Y560 区块地层破裂压力变化如图 4-4-77 所示,T6 层位油藏破裂压力主要分布在 50.0～70.0 MPa;T7 层位破裂压力变化范围在 50.0～90.0 MPa。对应 Y559 井组破裂压力为 50～65 MPa,而 Y560 井组破裂压力为 60～80 MPa。

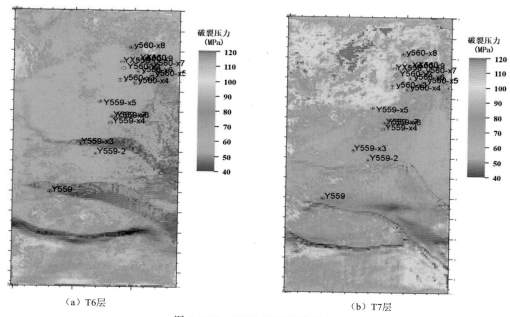

（a）T6层　　　　　　　　　　（b）T7层

图 4-4-77　Y560 区块破裂压力

Y560 区块最大水平地应力方向以北东东－南西西方向为主(图 4-4-78),Y559 井组水平主应力方向为北东 65°～75°；Y560 井组受 4♯断层影响，应力场偏转为北东 110°～130°。T6、T7 层最大水平地应力方向基本一致，T6 层东南部工区地应力场方向产生偏转，为北东 120°～130°方向。

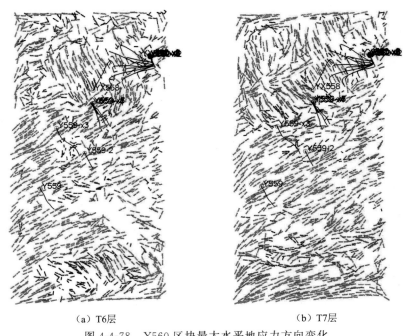

（a）T6层　　　　　　　　　　　　（b）T7层

图 4-4-78　Y560 区块最大水平地应力方向变化

（4）连井剖面地应力变化规律

Y559-Y559-2-YX558-YX560 井的连井剖面位置如图 4-4-79 所示，对应该连井剖面的杨氏模量、最大水平地应力、最小水平地应力及层位脆性指数变化如图4-4-80所示。该剖

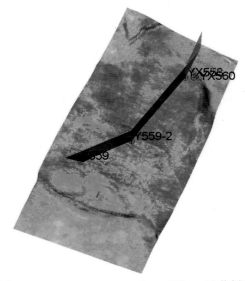

图 4-4-79　Y559-Y559-2-YX558-YX560 连井剖面

面总体岩石力学参数、地应力沿深度呈梯度增加趋势。沙三下亚段弹性模量（5～25

GPa）、最大水平地应力（35～60 MPa）、最小水平地应力（10～40 MPa），数值相对较低；沙四上亚段弹性模量（30～45 GPa）、最大水平地应力（55～75 MPa）、最小水平地应力（45～70 MPa）相对较高。Y559-Y559-2-YX558-YX560 井的连井剖面脆性指数变化范围在10%～80%；沙三下亚段压裂过程中由于脆性指数较低，裂缝以双翼裂缝－多缝为主；沙四上亚段脆性指数较高（60%～80%），有利于形成体积改造缝网。

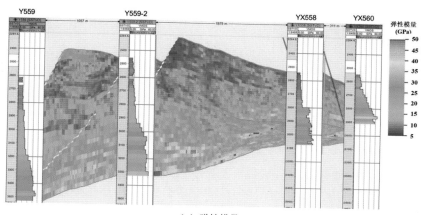

（a）弹性模量

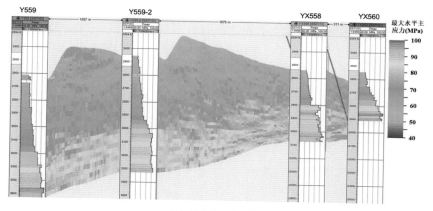

（b）最大水平地应力

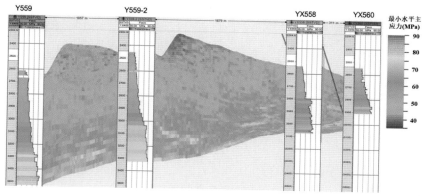

（c）最小水平地应力

图 4-4-80　Y559-Y559-2-YX558-YX560 剖面三维地应力变化

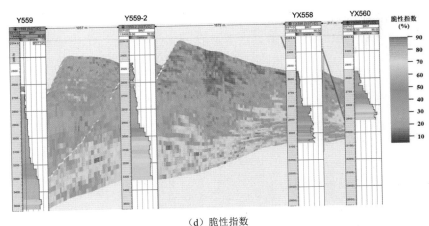

（d）脆性指数

续图 4-4-80　Y559-Y559-2-YX558-YX560 剖面三维地应力变化

4. 致密储层"工程甜点"分析

在 Y560 区块杨氏模量、泊松比、最大及最小水平地应力、破裂压力等基础参数评价的基础上,应用脆性指数、水平应力差异两项指标开展 Y560 区块压裂改造"工程甜点"分析测试。

Y560 区块脆性指数变化如图 4-4-81 所示,T6 层位脆性指数较低,变化范围在 20%～60%,压裂裂缝形态以多缝为主;T7 层脆性指数较高(30%～80%),压裂裂缝形态由多缝趋于形成缝网。根据测试结果,Y559 井组所在区域脆性指数较低,而 Y560 井组 T7 层位脆性指数较高,有利于压裂形成体积改造缝网。

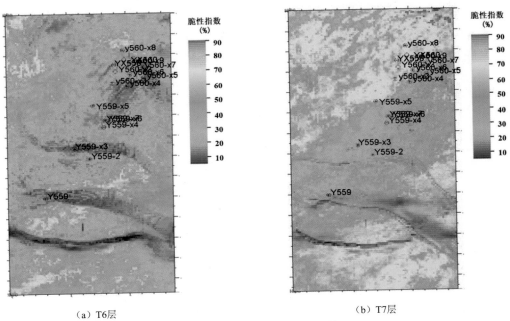

（a）T6层　　　　　　　　　　　　　　　　（b）T7层

图 4-4-81　Y560 区块脆性指数

Y560 区块水平应力差变化如图 4-4-82 所示,Y559 井组水平应力差 2.0～5.0 MPa,Y560 井组 T6 层水平应力差 3.0～6.0 MPa,T7 层位水平应力差增大到 10 MPa 以上。

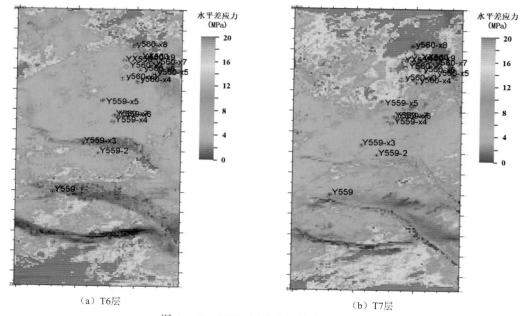

（a）T6层　　　　　　　　　　（b）T7层

图 4-4-82　Y560 区块水平差应力变化

第5章
致密储层微地震监测技术 >>>>

由于砂砾岩体、浊积岩、滩坝砂等致密储层具有低孔隙度、低渗透率的物性特征,只有通过压裂改造才能有效提高油气采收率。微地震监测技术是最有效、最经济和最及时的储层压裂监测技术,通过监测压裂过程中诱发的微地震事件,可以评价压裂过程中形成裂缝的长度、宽度、高度、方位角等信息,进一步优化压裂设计和井网布局,实现致密储层的高效开发。

第一节　微地震采集技术

开展不同岩性岩心的破裂特征研究,分析岩石破裂的声发射信号特征,根据不同岩性岩心物理模拟试验成果,指导微地震监测的采集、处理和解释。地面微地震监测具有传播路径远、信号能量弱、环境噪音强的特点,必须通过增加接收台站数量来弥补信噪比低的缺陷,并研制具备无线回传功能的宽频监测设备。在监测接收台站研制的基础上,开展地面微地震监测观测系统设计研究,充分论证接收台站布设数量、道距、排列长度、观测排列方式等关键参数,在济阳坳陷累计完成了 90 余口井的野外采集工作。

一、岩石破裂声发射信号特征

声发射(Acoustic Emission,简称 AE)是指材料内局部能量源快速释放而产生瞬态弹性波的一种现象,这与微地震的产生具有相似性。当岩石受力变形时,岩石中原有的或新产生的裂隙周围应力集中,应变能较高,当外力增加到一定大小时,裂缝缺陷部位会发生微观屈服或变形、裂缝扩展,从而使得应力松弛,贮藏的部分能量将以弹性波的形式释放出来,这就是声发射现象。针对胜利油田致密储层的主要类型,完成了砂砾岩、浊积岩、滩坝砂岩、泥页岩等不同岩性岩心压裂物模实验,明晰了不同岩性岩石破裂信号产生规律及信号特征。

针对胜利油田致密油藏不同类型的岩心:致密砂岩、砂砾岩、泥页岩和白云岩等,研究了微地震的震源特性。岩心实验采用 TAW 电液伺服加载压力机,最大载荷 2 000 kN,PCI - Ⅱ 型声发射监测系统的采样率高达 40 MHz,具有连续波形的记录能力。高频实验是在应力加载条件下进行声发射测试,在进行单轴抗压实验的同时收集整个过程的声发射信号,利用探头采集声发射事件的波形记录。

图 5-1-1　岩心压裂物模试验

（a）砂砾岩　　　　　　　　　　　　　　（b）灰岩

（c）泥页岩　　　　　　　　　　　　　　（d）砂岩

图 5-1-2　测试岩心

　　图 5-1-1 为岩心压裂物模试验，图 5-1-2 为砂砾岩、灰岩、泥页岩、砂岩等测试岩心。采用压力机对岩样进行压裂，通过探头记录整个实验过程中的声发射信号。首先将岩样平放在压机上，在岩心上粘结声发射探头，测量探头的距离值等信息，将探头和数据采集分析系统相连，在整个岩心破碎过程中采集声发射信号。

　　对岩心样品进行加工时，保证样品在整个高度上的直径误差不超过 0.3 mm，两端面不平行度不超过 0.05 mm，端面与轴线垂直度的偏差不超过 0.25°，所有样品轴向与岩心轴向一致，岩石样品尺寸为 25 mm×50 mm。PCI-Ⅱ型声发射监测系统由 8 个宽频传感器(Nano30)、8 个前置放大器、主机、采集卡及 AEwin 声发射采集与分析软件构成。声发射监测系统参数设置如下：前置增益 40 dB；频率范围 5～500 kHz；采样频率 1 MSPS；预触发 256；阀值 45 dB。对岩心施加压力，不同岩性岩心的声发射事件率差异较大，岩心应力与声发射事件率随时间的变化曲线如图 5-1-3 所示。

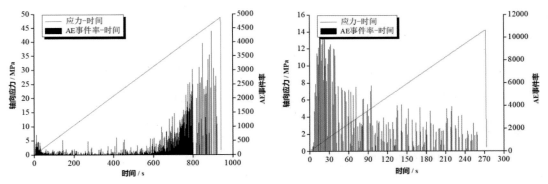

图 5-1-3　应力与声发射率随时间的变化曲线

岩心声发射的结果表明，宏观裂纹附近均有较多的 AE 事件聚集，接近裂纹处的微裂纹具有较大辐射能量，为 $1.5 \times 10^5 \sim 5 \times 10^5$ aJ，与裂纹 1 和裂纹 2 相比，裂纹 3 处的 AE 事件密度较小，但有较多的高辐射能事件。对应矩张量反演结果可知，沿裂纹 2 几乎全为剪切破坏，裂纹 3 主要是拉张破坏，裂纹 1 区域是拉剪混合破坏，AE 事件最为密集，拉剪特性不明显，略显剪切性。裂纹 2 主要为剪切型破坏，加压初期便有一定的显现，裂纹 3 区域存在节理，强度较弱，受到裂纹 2 切向错动，块 1 带来的下向挤压，内部出现局部破坏，并且块 3 对块 2 有反作用力，形成力矩，导致裂纹 3 内部拉张破坏发育，有轻微剪切破坏，同时受裂纹 1 的错动和力矩的压迫，导致裂纹 1 内部拉剪破坏均比较发育（图 5-1-4 和图 5-1-5）。

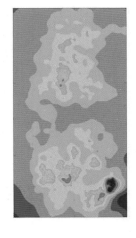

（a）声发射事件分布　　　　（b）矩张量反演结果　　　　（c）AE 事件能量图

图 5-1-4　岩心声发射分析结果 1

（a）声发射事件分布

（b）矩张量反演结果

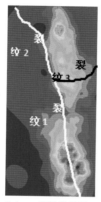

（c）AE事件能量图

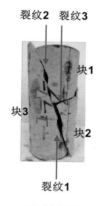

（d）测试岩心

图 5-1-5　岩心声发射分析结果 2

二、微地震采集设备研制

由于水力压裂诱发微地震信号的能量非常微弱（震级一般为 0 级至-3 级），通常在传播不远后便衰减到难以监测的水平，且地表风力、人畜走动、汽车以及工业生产活动等导致背景噪声水平高，对微地震采集设备的要求非常高。现有的台站式微地震采集设备不具有无线传输能力，不能实现微地震事件的现场实时定位处理，制约了微地震监测技术的应用范畴。因此应研制具有无线数据传输能力的微地震专用采集设备，为后续的微地震监测提供数据基础，从而形成采集、处理和解释一体化应用能力，服务油田致密油藏的高效勘探与开发。

针对野外采集的瓶颈问题，对微地震设备进行探索、优化、完善的持续研发，目前共研制了四代监测设备，分别包括：浅埋式Ⅰ代 12 台、便携式Ⅱ代 16 台、全内置式Ⅲ代 100 台、无线传输式Ⅳ代 96 台。监测设备可连续监测 30 天、低截频 1.5 Hz、灵敏度高、便于布设埋置，与国际 GEOSPACE 公司的装置性能指标水平相当，地面台站式微地震采集设备如图 5-1-6 所示。

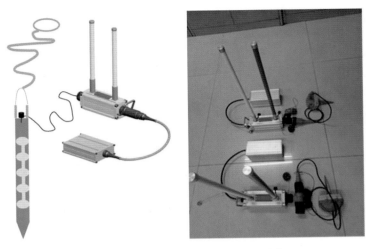

图 5-1-6　地面台站式微地震采集设备

采集设备包括：无线采集站点、低频高灵敏度检波器、电源单元、主控与数据管理计算机系统、集中式电池充电系统和移动控制终端。地面台站式微地震采集设备具有数据无线传输功能，能够实现水力压裂微地震事件的现场预处理与实时显示。

微地震采集设备的主要技术指标如下：

① 无线采集站点 96 台：具有高灵敏度、宽频、单道接收特点，内置电池可连续供电 3 天。

② 电源单元 96 台：内部电池最长连续供电 72 个小时（3 天），可进行 200 Wh 外接电源的扩展，具有电池均衡功能，能够连续供电 480 小时（20 天），从而进一步提升供电时间，有效实现长周期微地震监测。

③ 主控与数据管理计算机系统 1 套：包括主控计算机和控制软件，主控计算机具有运算效率高、内存大、携带方便等特点。控制软件具有数据读取、截取、格式整理、磁盘管理、预处理等功能，可设置不同采样率和不同采样增益，实现微地震数据的有效接收。

④ 集中式电池充电系统 4 台：每套集中式电池充电系统有 24 个充电站位，4 套集中式电池充电系统，可以实现 96 个采集站点的快速充电。

⑤ 移动控制终端 2 台：移动控制终端具有站点巡检、数据回收功能，按照 96 个无线采集站点的需求，共需 2 套移动控制终端，每个移动控制终端服务 48 个无线采集站点，以实现采集数据的快速回收和处理。

将研制设备与其他监测装置进行对比分析，当前国内外进行地面微地震监测主要采用 3 种监测装置，分别是：节点台站、宽频地震仪、有缆地震仪。

① 常规地面节点台站微地震监测装置一般采用自然频率为 10 Hz 的模拟检波器，在自然频率 10 Hz 以下，振幅响应快速下降，而微地震信号经过远距离传播后主要表现为低频特征，低频段信息决定着裂缝监测的成败，常规节点台站不利于低频段有效信号的接收。新研制的节点台站采用 1.5 Hz 自然频率的数字检波器，有效拓宽微地震监测频带范围，并具有无线实时回传功能。

② 天然地震监测中使用的宽频地震仪也可以应用到微地震监测中，宽频地震仪具有频率接收范围较宽的优势，但该装置对观测条件要求比较严格，需要将监测装置安装在裸露基岩或临时铺设的水泥台上，并且存在携带不便、安装复杂、施工周期长等问题。宽频

地震仪安装准备时间至少需要3～6天,新研制节点台站施工、准备时间缩短为2个小时,工作效率大幅提升。

③ 地面微地震监测也可以采用油气勘探所使用的有缆地震仪,有缆地震仪主要由大型的仪器车、长距离线缆、大量检波器等组成,有缆地震仪无法规避各类障碍物,具有难于布设、成本高昂等问题,不适用于小规模储层压裂监测。采用有缆地震仪进行监测的施工费用高昂,制约着地面微地震监测技术的应用,全内置式节点台站的独特结构及便携式特点,大幅降低了生产成本,每井段的监测费用降低80%。

对自主研制的微地震采集设备进行对比试验,共包括5种装置,分别是陆用压电检波器、便携式节点台站、全内置式节点台站、国外低频台站、无线传输式台站,根据采集数据的波形和频谱对比结果,微地震台站性能指标与国外低频台站相当,具备了自主的地面微地震野外采集能力。

三、微地震观测系统设计及采集技术

在微地震信号采集过程中,监测接收台站如何布设非常关键,是决定能否准确获取微地震信号的关键因素,合理的观测系统是微地震事件监测及后续的震源定位即微地震数据成像的重要基础。针对不同的微地震监测井场和目标需求,需要研究针对性的观测系统及采集技术。例如,在进行直井压裂的微地震监测时,可以采用放射形的观测系统进行监测,也可以采用圆环形的观测系统;在进行水平井压裂的微地震监测时,可以采用阵列形、"井"字形和"十"字形等观测排列方式进行监测。因此,需要进行微地震观测系统的优化设计研究,从而保证取得最佳的监测效果。

与常规地震勘探对比,地下储层岩石破裂能量较弱,不利于微地震监测。但是,微地震信号是单程传播,波在传播过程中,相对于由地面向地下传播,由地下向地面传播的能量衰减较少,有利于地面微地震信号的接收。

u_3	裂缝张开宽度	2mm
T	地震周期	0.02s
ω_0	角频率	300
f	地震频率	50Hz
α_1	地面接收P波速度	2400m/s
r_1	地面接收P波传播距离	排列长度
S_0	震源面积	5m²
K_1	地面的检波器的换能系数	0.5V.s/cm

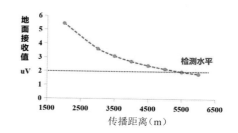

图 5-1-7　排列长度

对观测系统中排列长度进行论证,地面观测时地震波位移振幅数学表达式为:$A_1 = \lambda_0 \cdot \omega_0 / (4\pi\rho_1 r_1 \alpha_1^3) \cdot u'(t - r/\alpha) \cdot S_0 K_1 F_1 H_1$。基于地震波传播公式和物性参数值,微地震初始能量在1～10 mV左右,2 μV是微地震仪器的接收极限,对应的传播距离是5 500 m,传播距离与压裂段垂深和排列长度有关,以垂深3 700 m为例,排列长度应控制在4 000 m左右,如图5-1-7所示。井场噪音对微地震数据影响较大,在进行微地震监测时,监测台站应尽量远离井场。通过实际噪音监测试验,对监测噪音数据进行对比分析,离井场距离应在500 m以上,才能保证微地震数据较高的信噪比。以射孔位置3 700 m为例,监测台站距离井口500 m时,传播距离为3 733.6 m,传播距离仅相差不到34 m,如图5-1-8所示。

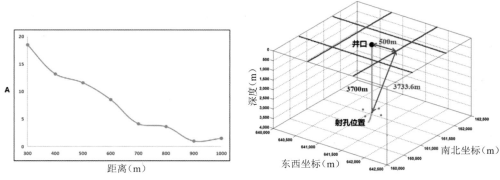

图 5-1-8　振幅值与井场距离关系(左)、传播距离分析(右)

在详细踏勘的基础上,根据地质构造、储层特征和测井信息确定层速度模型,层速度模型分为:水平层状介质模型和弯曲界面介质模型。根据设计的初始微地震监测观测系统,以及实际压裂井的信息,通过射线追踪方法分析观测系统的可行性。

设计的初始观测系统排列长度为 500 m,进行正演模拟,最大时差约为 10 ms,不同台站之间的时差太小,严重影响微地震事件的定位精度,如图 5-1-9 所示。结合近地表条件和压裂段深度,需要重新设计合理的观测系统,排列长度应达到 2 000 m 以上。

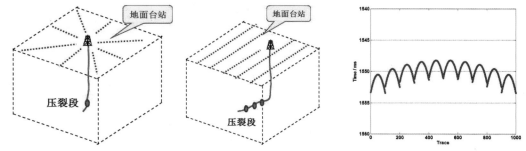

图 5-1-9　放射形(左)、阵列形(中)观测系统及模拟走时(右)

由于采油工区的地表条件复杂,东部地区耕地和农田主要成"田"字形,难以布设放射形观测系统,监测台站排列可根据实际地表情况做适当调整。采用"井"字形观测系统,四个排列的排列长度为 2 500 m,线距 1 000 m,台站间距 100 m,压裂段深度 3 000 m。进行正演模拟分析,在射孔点四周 200 m 处模拟 4 个震源点,最大时差约为 100 ms,4 个震源点的走时差异明显,能够保证微地震事件的定位精度,如图 5-1-10 所示。

通过射线追踪路径分析微地震观测系统是否合理有效,保证观测系统能够覆盖压裂区域。提高微地震震源点之间的地震波走时时差和合理的方位角,保证微地震监测数据的质量,最终确定最优的微地震监测采集观测系统。利用正演模拟数据验证观测系统的有效性。对正演模拟数据添加 2 倍和 5 倍的随机噪音,计算微地震事件的定位能量谱。添加噪音后的微地震数据均能保证定位精度,定位最大误差在 15 m 左右,误差率为 0.4%,地面采集观测系统能够实现微地震事件的精确定位,是实用有效的,如图 5-1-11 所示。

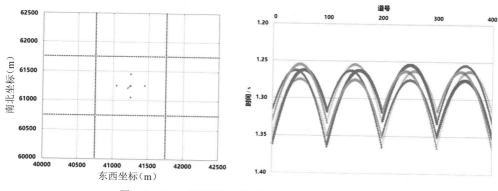

图 5-1-10　"井"字形观测系统(左)及模拟走时(右)

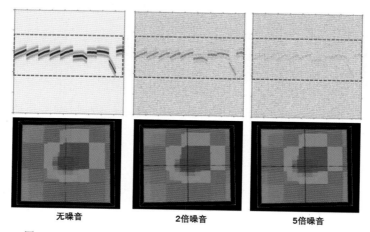

图 5-1-11　地面阵列式微地震模拟数据(上)及定位能量谱(下)

Y560 井工厂为砂砾岩体致密储层,在水力压裂过程中进行"地面＋井中"联合监测,地面采用阵列形观测系统,井中采用 10 级三分量检波器串,地面和井中监测微地震信号具有较好的对应关系,验证了地面监测的可行性,如图 5-1-12 所示。

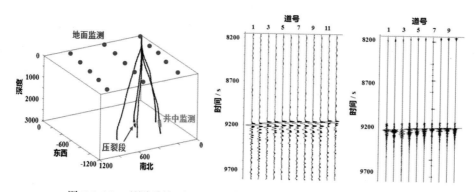

图 5-1-12　观测系统(左)、地面监测数据(中)及井中监测数据(右)

井中监测微地震信号频带范围 10～560 Hz,地面监测微地震信号频带范围 5～60 Hz,通过对比井中和地面监测数据,明确了地层对微地震信号的吸收衰减特征,井中能够监测到更小震级的微地震事件,如图 5-1-13 所示。

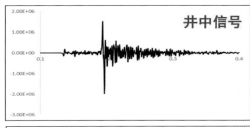
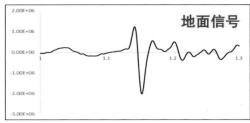
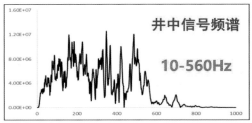
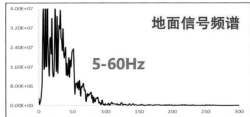

图 5-1-13　地面监测数据与井中监测数据频谱对比

为弥补以往台站布设方式缺乏科学依据的不足,提出了"室内理论分析＋室外现场踏勘"的双因素优化设计观测技术。在"室内理论分析"观测系统优化过程中,引入地震速度资料,通过射线追踪和波动方程正演模拟技术进行微地震观测系统设计,确定接收台站布设方位及范围,以地震波传播规律为依据,进行压裂储层的高斯束逆向照明,分析地面接收能量的强弱分布情况,优选最佳的台站布设位置,并通过理论定位误差分析,明确台站数量及布设间距。在室外现场踏勘观测系统优化过程中,规避地表障碍物的影响,并进行噪音干扰调查,获取高信噪比数据,确保野外观测系统的可实施性。双因素优化设计观测技术为最优立体采集提供了坚实的科学依据,形成了千道节点台站大阵列观测系统设计及施工能力。

第二节　微地震处理技术

微地震监测技术是通过监测致密储层压裂改造过程中产生的微地震波,来评价分析压裂效果、指导压裂工艺优化的地球物理技术。微地震监测技术是目前水力压裂裂缝监测和评价中最有效的方法之一,能够实时监测压裂过程中产生裂缝的形态、方位、长度、高度等信息。近年来,微地震监测技术取得了巨大的发展和广泛的应用,但也面临着挑战。如何提高微地震事件定位精度,发挥微地震监测技术在压裂效果评价、压裂工艺优化、井位部署等方面的作用,是微地震监测技术所要迫切解决的问题。

一、微地震多域噪音压制技术

微地震事件的定位精度取决于微地震监测数据信噪比的高低,由于致密储层岩石破裂产生的震源能量相对较弱,而且地面监测过程中受到各类噪音干扰的影响,造成了地面微地震监测数据的信噪比整体较低。由于各类噪音干扰的不利影响,地面微地震数据中的有效事件湮没在噪音干扰中,使得微地震事件很难被准确地自动识别和精确定位,因此有必要采用针对性去噪方法,提高地面微地震监测数据的信噪比,为微地震事件的精确定位提供高品质数据。

微地震监测数据中具有大量的周期性有源干扰、线性干扰、规则干扰和随机干扰等噪音,单一的去噪方法难以压制多种类型的噪音干扰。根据噪音干扰的传播规律和波场特征,采取基于修正S变换的时频域噪音压制技术、独立分量盲源分离随机噪音压制技术、地面有源噪音自适应压制技术等针对性的去噪手段,大幅提升微地震监测数据的信噪比,为后续微地震事件精确定位奠定基础。

1. 基于修正S变换的时频域噪音压制技术

时频域噪音压制技术,利用修正S变换良好的二维时间—频率域聚焦特性,通过二维时频域滤波器实现微地震监测数据中有效信号和噪音干扰的有效分离。

利用合成模拟信号进行二维时频域噪音压制试验,与常规的带通滤波去噪效果进行对比分析,验证该方法的有效性和实用性。合成模拟信号(黑色线)由4种分量组成,其中包含3个噪音干扰分量和1个微地震事件分量,4个分量分别是:低频噪音干扰分量(红色线)、40 Hz主频的地面规则噪音干扰分量(粉红色线)、150 Hz主频的高频噪音干扰分量(深绿色线)和60 Hz主频的微地震事件分量(蓝色线),其中40 Hz主频的地面规则噪音干扰分量(粉红色线)具有规律出现的特征,4种分量在时频谱上具有各自的典型特征,如图5-2-1所示。

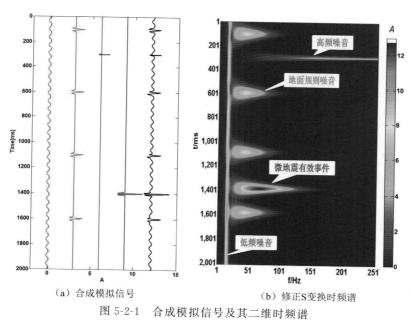

（a）合成模拟信号　　　　　　　　（b）修正S变换时频谱

图 5-2-1　合成模拟信号及其二维时频谱

图5-2-2为二维滤波和一维滤波后结果对比,其中(a)是模拟噪音分量,其中包括:低频余弦噪音、地面规则噪音和高频噪音;(b)是带通滤波方法处理后得到的噪音分量;(c)是(a)与(b)的差值,该差值能够反映带通滤波方法去噪效果的好坏,带通滤波方法去掉的噪音与模拟噪音分量差别较大,去噪效果不理想;(d)是时频域滤波方法压制的噪音分量;(e)是(a)与(d)的差值,该差值能够反映时频域滤波方法去噪效果的好坏,时频域滤波方法去掉的噪音与模拟噪音分量基本一致,噪音分量得到了较好的压制;(f)是模拟微地震事件分量;(g)是带通滤波处理得到的微地震事件分量;(h)是(f)与(g)的差值;(i)是时频域滤波处理得到的微地震事件分量;(j)是(f)与(i)的差值,通过时频域滤波方法处理后,识别的事件与模拟微地震事件基本一致,相对于常规的频率域带通滤波方法,时频域去噪方法能够较好的压制噪音。

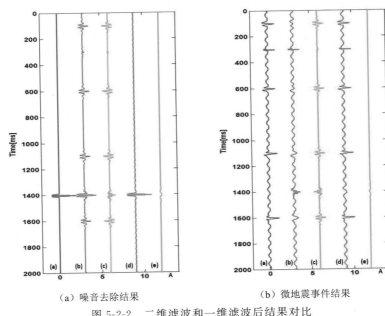

（a）噪音去除结果　　　　　　　（b）微地震事件结果

图 5-2-2　二维滤波和一维滤波后结果对比

2. 独立分量盲源分离随机噪音压制技术

基于微地震事件分量和噪音干扰分量相互统计独立的假设条件，利用基于互相关法的盲源分离方法压制随机噪音干扰，实现地面微地震数据信噪比的有效提高。基于盲源分离的噪音压制技术以负熵为目标函数，利用粒子群最优化方法对方程组进行全局寻优，针对盲源分离分量的不确定性问题采用互相关方法识别微地震事件分量，并对随机噪音干扰分量进行压制，提升了地面微地震监测数据的信噪比。

假设地面微地震数据中包含的事件分量和噪音干扰分量是相互统计独立，并且服从非 Gauss 分布，依照盲源分离理论，取一道微地震数据的两次观测值或者相邻较近的两道微地震数据，经过盲源分离处理后，即可分离出原始数据中包含的事件分量和噪音干扰分量，从而达到微地震数据信噪比提高的目的。

为了验证盲源分离去噪方法的可行性，建立观测系统和速度模型，进行正演模拟数据的噪音压制处理试验。根据压裂井或监测井的声波测井速度曲线，建立压裂区域的速度模型，通过波动方程正演方法计算得到微地震正演模拟记录。

在地面布设"井"字形接收台站阵列，共 4 条排列，每条排列共 100 个接收台站，道距为 25 m，微地震震源深度为 2 960 m，震源点坐标为（630182，4141264），由于震源点到接收台站的距离不同，传播路径差异形成了明显的地震波走时差，波动方程正演模拟微地震数据如图 5-2-3 所示。

利用正演模拟数据验证微地震数据去噪方法的有效性。图 5-2-4（a）为其中 1 个排列的微地震模拟数据；图 5-2-4（b）为添加随机噪音后的微地震模拟数据，信噪比大幅降低，有效信号湮没在噪音当中；图 5-2-4（c）为盲源分离去噪处理后的微地震数据；图 5-2-4（d）为添加随机噪音微地震数据与去噪后微地震数据的差值，即去除的随机噪音。

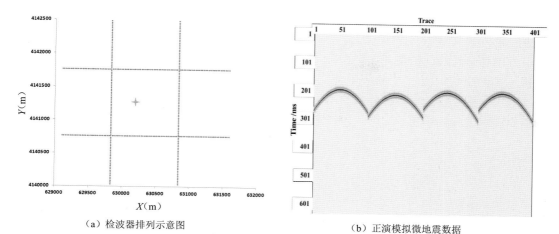

（a）检波器排列示意图

（b）正演模拟微地震数据

图 5-2-3　地面检波器排列及正演模拟微地震数据

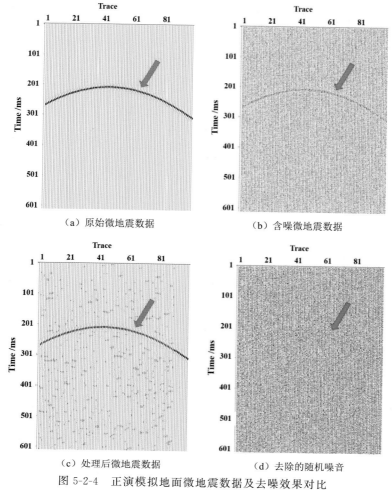

（a）原始微地震数据　　　　　　　　　　（b）含噪微地震数据

（c）处理后微地震数据　　　　　　　　　　（d）去除的随机噪音

图 5-2-4　正演模拟地面微地震数据及去噪效果对比

　　对比处理前后的正演模拟微地震数据，随机噪音得到了较好的压制，信噪比大幅提升，去噪处理后微地震数据保持了原始数据的波形特征，去除的随机噪音中不包含有效信号，该方法具有较好的保真性。

选取实际监测微地震数据进行盲源去噪测试处理,并将盲源分离去噪方法与常规去噪方法进行效果对比。图 5-2-5(a)是一个排列的实际监测微地震数据;图 5-2-5(b)是常规去噪方法噪音压制后的微地震数据;图 5-2-5(c)是盲源分离去噪方法噪音压制后的微地震数据。对比处理前、后的微地震数据,并与常规去噪效果进行对比,盲源分离去噪方法可以有效压制微地震数据中的随机噪声,同时不损失微地震有效信号,该技术能够较好的提高微地震数据的信噪比。

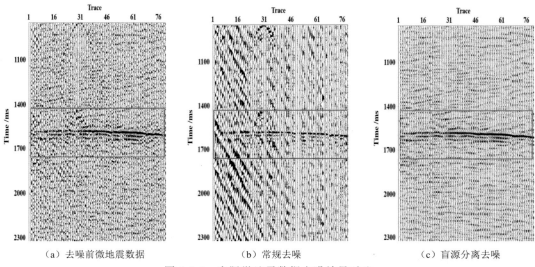

（a）去噪前微地震数据 　　　　（b）常规去噪 　　　　（c）盲源分离去噪

图 5-2-5　实际微地震数据去噪效果对比

将盲源分离去噪方法与常规去噪方法进行二维时频分析对比。图 5-2-6(a)是去噪前微地震数据的二维时频谱;图 5-2-6(b)是常规去噪方法的二维时频谱;图 5-2-6(c)是盲源分离去噪方法的二维时频谱。与常规去噪方法相比,盲源分离去噪方法压制随机噪声的效果相对较好,有效提高了微地震数据的信噪比,在二维时频谱中更易识别微地震事件,能够有效保证较高的微地震事件初至拾取精度和定位准确度。

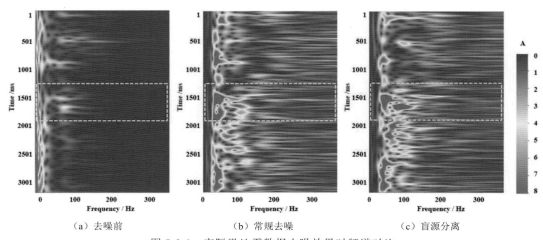

（a）去噪前 　　　　　（b）常规去噪 　　　　　（c）盲源分离

图 5-2-6　实际微地震数据去噪效果时频谱对比

地面微地震监测技术具有监测范围广、数据采集量大、定位精度高等特点,但地面微地震监测数据具有噪音干扰严重、信噪比低的缺点,制约着地面微地震监测技术的应用。盲源分离去噪方法能够充分利用地面微地震监测数据的特点,进行随机噪音压制,实现微地震数据信噪比的有效提高,是一项实用有效的去噪技术。

3. 地面有源噪音自适应压制技术

地面微地震监测受到压裂井场噪音、钻机噪音、建筑工地噪音、车辆噪音、风噪、人类活动和物体坠落噪音等的严重影响。压裂井场噪音具有类似面波的特征,随着离开井场距离的增加而减弱。车辆噪音是典型的宽频瞬变噪音,噪音振幅具有由小至大再至小的特征。工业电干扰和钻机干扰具有单频的特征,噪音在数据中长时间分布。储层压裂改造产生的震源能量相对较弱,各类地面有源噪音的能量强,严重影响微地震数据的信噪比,微地震数据中的有效信号湮没在噪音中,增加了微地震事件的识别难度和定位误差。必须通过针对性的地面有源噪音去噪处理手段,有效提高微地震监测数据的信噪比。

在充分分析微地震噪音特征的基础上,根据地面有源噪音与微地震事件在能量、频率、传播速度及噪音源位置等方面的差异,提出了地面微地震有源噪音自动识别与匹配压制技术,利用微地震量板自动判识方法来识别有源噪音,进行噪音源位置和传播速度三维最优并行搜索,确定有源噪音的位置坐标和噪音传播速度后,根据噪音标准道和能量自适应匹配算子,对地面有源噪音进行自适应匹配压制处理,有利于提高微地震数据的信噪比和微地震事件的定位精度。

该技术的主要思路为:首先,在微地震数据中地面有源噪音发育的情况下,采用微地震量板自动判识方法进行有源噪音的自动识别,得到微地震数据中有源噪音的到达时刻;其次,根据叠加能量最强的原则,沿地面进行三维最优并行搜索,同时确定有源噪音的位置坐标和噪音传播速度;然后,根据有源噪音的位置坐标和传播速度,计算每一个微地震接收台站的动校正量,并对微地震数据进行动校正处理;最后,根据有源噪音标准道和自适应匹配算子,对有源噪音进行自适应压制处理,并进行反动校正处理,可得到高信噪比的微地震数据。

图 5-2-7(a)为利用两个压裂段的射孔点位置正演模拟得到的微地震量板;图 5-2-7(b)为微地震量板与实际监测数据中强能量信号的对比,微地震量板与实际数据的走时形态基本一致,判识因子 θ 小于阈值 θ_{max},确定该强能量信号为微地震事件,避免了微地震事件的误拾和有源噪音的漏拾。

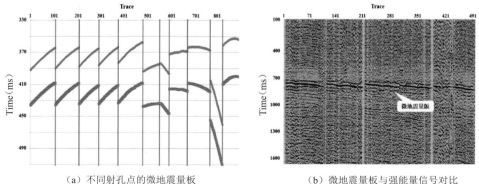

(a) 不同射孔点的微地震量板　　　　(b) 微地震量板与强能量信号对比

图 5-2-7　微地震量板示意图

图 5-2-8(a)为微地震量板与实际监测数据中强能量信号的对比,判识因子 θ 大于阈值 θ_{max},确定该强能量信号为地面有源噪音,具有线性特征和规律性,在微地震数据中重复出现,间隔时间为 500～600 ms。根据该地面有源噪音的传播特征,进行正演模拟。在地面共计布设 900 个接收台站,南北方向分布范围 1 700 m,东西方向分布范围 600 m,噪音源位于地面接收台站的东南方向,坐标为(645000,161000),距离接收台站为 2～3 km,高速层速度采用 2 000 m/s,得到正演模拟微地震事件和地面有源噪音,如图 5-2-8(b)所示。

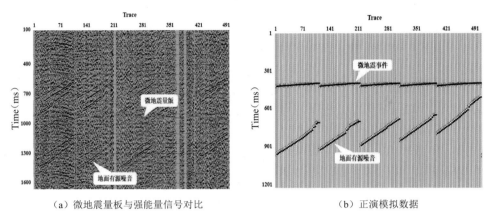

(a) 微地震量板与强能量信号对比　　　　　　　　(b) 正演模拟数据

图 5-2-8　有源噪音正演模拟数据与实际微地震数据对比

基于微地震道数据的叠加能量最大原则,沿地面有源噪音分布范围进行三维最优并行搜索,在搜索噪音传播速度的同时,计算有源噪音分布范围内每一个位置点到达微地震接收点的初至时间,根据对应的初至时间对微地震数据进行动校正处理,并将动校正处理后的所有道数据进行叠加,求取每一个位置点的微地震数据叠加能量值,图 5-2-9 为三维最优并行搜索能量谱示意图。

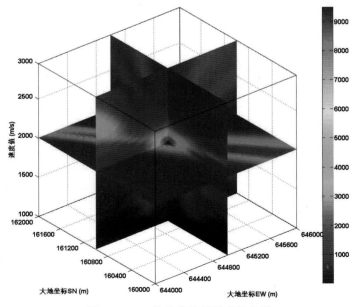

图 5-2-9　三维最优并行搜索能量谱

通过三维最优搜索得到噪音源位置为(645000，161000)，噪音传播速度为 2 000 m/s，与模型数据一致，验证了该方法的有效性。正确的速度方向能量谱聚焦性较差，显示有源噪音的疑似位置呈西北—东南方向分布，这是因为观测系统的南北方向排列相对较长，而东西方向排列相对较短，并且该有源噪音位于排列的东南方向，距离较远，因此能量谱聚焦性相对较差。所以，在进行观测系统设计时，应尽量将接收台站分散布设，各个方位角均匀分布，不仅有利于地面有源噪音的识别，也有利于提高微地震事件的定位精度。

对正演模拟记录中添加实际微地震数据噪音，然后进行噪音压制处理。噪音压制前微地震数据中包括微地震事件和地面建筑工地打桩机噪音，地面有源噪音压制后仅保留了微地震事件，噪音干扰得到了较好的压制，如图 5-2-10 所示。

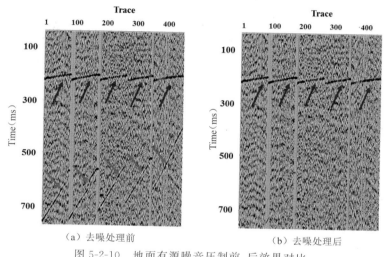

（a）去噪处理前　　　　　　　　　　（b）去噪处理后

图 5-2-10　地面有源噪音压制前、后效果对比

微地震事件定位误差取决于微地震数据的信噪比，而地面微地震监测过程中噪音源类型非常多，造成地面微地震监测数据的信噪比相对较低，微地震有效事件湮没在噪音中，难以准确识别和精确定位。微地震数据中具有大量的周期性有源干扰、线性干扰、规则干扰和随机干扰等噪音，通过微地震传播特征和噪音干扰特征分析，研究了针对性的噪音压制技术，可以通过多项去噪技术的组合应用，有效提高微地震数据的信噪比，为后续的微地震事件精确定位奠定基础。

二、微地震与地面地震联合校正方法

地面微地震监测受到复杂近地表的剧烈影响，易造成较大的微地震事件定位误差，严重制约着地面微地震监测技术在复杂近地表地区的应用。当岩石破裂产生的微地震震源从压裂段地层向上传播时，复杂近地表会对微地震波产生明显的影响，造成微地震事件同相轴抖动、能量减弱，特别是在地表起伏剧烈、近地表岩性差异明显、低降速带厚度变化大的情况下：一方面会严重影响微地震事件的准确识别，另一方面会降低速度模型校正和微地震事件定位准确度。

仅仅利用微地震数据是无法得到复杂近地表速度模型的，常规方法只能将近地表看作一个均匀常速介质或忽略近地表的影响，这就造成了严重的静校正问题，不仅影响速度模型的优化校正，而且降低了微地震事件的定位精度。只有消除复杂近地表的不利影响，才能有效提升微地震数据的品质,实现微地震事件的准确拾取,提高速度模型的校正准确度,从而降低微地震事件的定位误差。

因此,充分发挥成熟油区地面三维地震的作用,将地面三维地震数据和低降速带测量数据引入到微地震监测应用中,研究了地面微地震与地面三维地震联合校正方法。该方法充分发挥地面三维地震数据和低降速带测量数据的作用,通过近地表约束层析反演方法,重建近地表速度模型,消除复杂近地表的影响。并利用地面三维地震速度模型弥补测井浅层资料缺失的不足,通过逐步校正的思路不断提高微地震数据的品质和速度模型的精确度,从而保证了微地震事件的定位精度。

地面微地震与地面三维地震联合校正方法,以逐步校正的整体思路,充分发挥地面三维地震数据的作用,主要包括 3 个关键步骤,分别是:

① 微地震近地表静校正:以低降速带测量数据为约束条件,通过地面三维地震层析反演方法,建立精确的近地表速度模型,将地面微地震节点台站从起伏地表校正到高速层中的平滑基准面上,有效消除复杂近地表速度变化剧烈的影响;

② 精确速度模型优化校正:根据射孔数据和测井信息进行速度模型校正,由于复杂近地表的影响已经消除,并利用地面三维地震数据速度模型弥补测井浅层信息缺失的不足,因而建立的速度模型更加合理、准确;

③ 微地震数据剩余静校正:在精确的速度模型基础上,通过互相关方法求取剩余静校正量,进一步消除复杂近地表和速度模型残差的影响。

在地面三维地震采集过程中,由于近偏移距数据较少,以及道间距较大等问题,常规大炮初至层析反演往往会丢失浅层的精细速度信息,反演速度模型与微测井、小折射等实际低降速带测量速度值有较大差异。因此,利用微测井和小折射等低降速带测量数据,通过计算初至到时的斜率得到较为准确的低降速带速度信息,并将其作为约束条件,然后联合大炮初至信息进行三维地震约束层析反演,该方法弥补了常规大炮初至层析反演方法的不足。

地面三维地震约束层析反演方法是以低降速带测量速度信息为约束条件,联合大炮初至信息进行约束层析反演,通过走时残差建立目标函数,利用最小二乘算法进行求解,通过多次迭代建立低测数据约束的近地表速度模型,该方法有效保证了近地表速度模型的精度。地面微地震数据是无法得到复杂近地表速度模型的,因此通过微测井、小折射等近地表测量数据约束的地面三维地震层析反演方法,建立精确的近地表速度模型,从而将位于起伏地表的微地震台站校正到高速层中的基准面上,消除复杂近地表的传播时间差异问题,解决了常规微地震定位方法只能等效近似或忽略近地表的问题,如图 5-2-11 所示。

利用声波测井信息建立的层状速度模型是相对准确的,但每一层的速度值选取存在不确定性,仍存在一定的近似误差,需要利用射孔信号或强能量事件等微地震数据,采用模拟退火算法、遗传算法或差分进化算法等,反演最优速度模型,有效提高微地震事件的定位精度。井中微地震监测数据不受近地表的影响,但在地面进行微地震监测时,如果无法克服复杂近地表的影响,就会严重制约微地震事件的定位精度。地面三维地震约束层析反演静校正方法将地面微地震节点台站校正到高速层中的基准面上,在此前提条件下,只需要建立基准面以下的速度模型即可,这为精确速度模型校正奠定了基础。

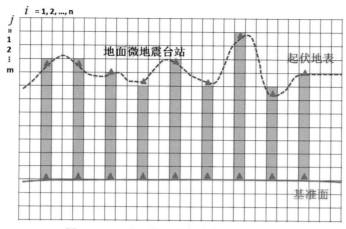

图 5-2-11 地面微地震台站静校正示意图

经过地面三维地震约束层析反演静校正和精确层状速度模型校正处理后,可以获得高品质的微地震数据和较为精确的速度模型,但静校正后的微地震数据中仍然存在复杂近地表的残差影响,建立的最优速度模型也存在一定的近似误差,即微地震数据中仍存在剩余静校正问题,因此有必要进行微地震数据剩余静校正处理。

微地震数据剩余静校正的思路为:首先,根据已知射孔点位置对微地震射孔事件进行动校正处理,消除不同传播路径的走时差,处理后的射孔事件几乎为水平同相轴;然后,利用互相关方法求取各个台站的剩余静校正量,进一步消除复杂近地表和速度模型近似误差的影响。由于人工压裂产生的震源点在射孔点几百米范围内,所以射孔数据计算的最终剩余静校正量适用于压裂段范围内的微地震事件。

结合实际近地表和中深层的地质构造特征,建立起伏地表速度模型,速度模型网格为 2 980×1 000,网格大小为 1 m×2 m,近地表结构包括低速层(700 m/s)和降速带(900 m/s)。通过有限差分法在数值模型的网格上加载声源函数,以此来模拟岩石破裂激发微地震波,在此采用经典的雷克子波,震源子波主频为 30 Hz。通过起伏地表波动方程正演模拟方法,可以模拟得到地面地震单炮记录和地面微地震记录,正演模拟数据采样间隔为 1 ms,正演模拟单炮记录和微地震记录如图 5-2-12 所示。

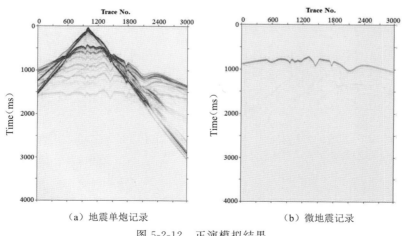

(a)地震单炮记录　　　　　　　　(b)微地震记录

图 5-2-12 正演模拟结果

　　进行地面三维地震约束层析反演静校正,将位于起伏地表的微地震节点台站校正到高速层中的基准面上,在后续速度模型优化和微地震事件定位过程中,不再考虑复杂近地表速度的影响,只需要考虑基准面以下的速度模型即可,如图 5-2-13(a)所示。根据正演模拟单炮数据的大炮初至时间,通过控制点约束的层析反演方法建立精确的近地表速度模型,如图 5-2-13(b)所示。根据近地表速度模型,可以将地面微地震节点台站从起伏地表校正到高速层中的平滑基准面。消除复杂近地表速度模型的影响后,进行精确速度模型优化校正。根据射孔数据和测井速度信息,通过粒子群最优化反演方法,建立最优速度模型,由于复杂近地表速度的影响已经消除,在速度模型优化时不需要考虑近地表的影响,只考虑平滑基准面以下部分,因而建立的速度模型更加准确,反演的最优速度模型与真实速度模型相一致,如图 5-2-13(c)所示。

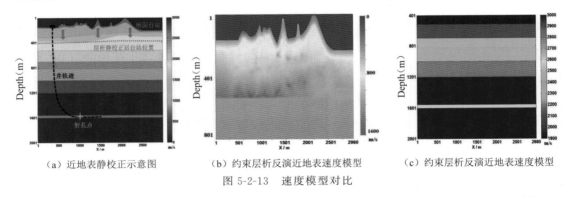

（a）近地表静校正示意图　　　　（b）约束层析反演近地表速度模型　　　　（c）约束层析反演近地表速度模型

图 5-2-13　速度模型对比

　　图 5-2-14(a)是起伏地表波动方程正演模拟射孔数据,随传播距离的增加,地震波能量不断衰减。射孔点坐标为(−1 570 m,1 000 m),由于起伏地表、低降速带速度和厚度等的影响,射孔数据的同相轴整体连续性较差;图 5-2-14(b)是高程静校正后的射孔数据,通过高程静校正处理可以消除部分近地表的影响,但是由于无法建立准确的低降速带速度模型,因此部分微地震台站的静校正问题无法解决,如第 30 道左右的台站所示;图 5-2-14(c)是地面三维地震约束层析反演静校正后的射孔数据,地面微地震台站从起伏地表校正到了高速层中的平滑基准面上,有效消除了复杂近地表的影响,同相轴的双曲特征更加明显;图 5-2-14(d)是剩余静校正后的射孔数据,在精确速度模型基础上,通过互相关方法求取剩余静校正量,进一步消除复杂近地表和近似速度模型残留误差的影响。

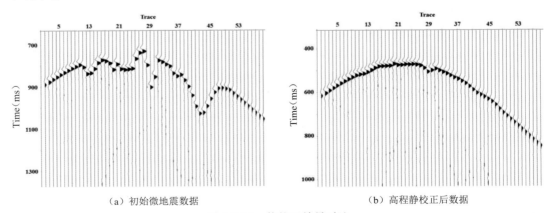

（a）初始微地震数据　　　　　　　　　　　　（b）高程静校正后数据

图 5-2-14　静校正效果对比

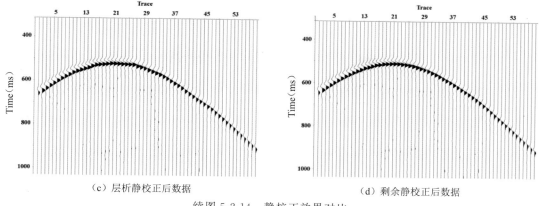

（c）层析静校正后数据　　　　　　　　　　（d）剩余静校正后数据

续图 5-2-14　静校正效果对比

　　完成微地震近地表静校正处理后，对速度模型进行校正。由于该井 700 m 以上的浅层信息缺失，虽然通过近地表静校正消除了复杂近地表的影响，如图中 A 区域所示，但是基准面以下还缺失部分速度信息，如图中 B 区域所示，因此采用地面三维地震速度来解决该问题，如图 5-2-15 所示。

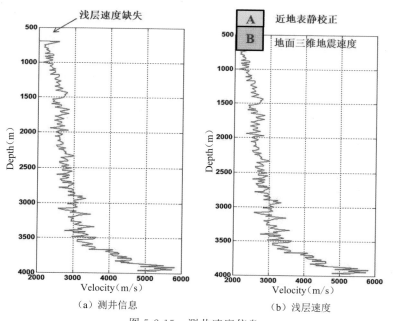

（a）测井信息　　　　　　　　　　　（b）浅层速度

图 5-2-15　测井速度信息

　　图 5-2-16（a）是地面三维地震道集数据的速度谱，通过速度分析可以提供较为准确的速度值；图 5-2-16（b）为深度域的速度模型，该地区浅层速度变化较小，地面三维地震数据提供的深度域速度模型可以解决测井资料浅层信息缺失的不足，有助于提高微地震速度模型校正的准确度。

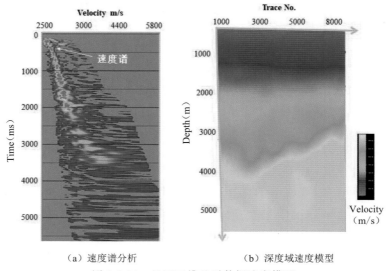

（a）速度谱分析 （b）深度域速度模型

图 5-2-16 地面三维地震数据速度模型

　　图 5-2-17 是静校正前后的微地震监测数据，通过对比图 5-2-17（a）和图 5-2-17（b）可以看出，近地表及低降速带的部分静校正问题得到了较好的解决，但是仍存在剩余静校正问题。将剩余静校正量代入到该压裂段的微地震数据中。对比图 5-2-17（b）和图 5-2-17（c）可以看出，通过剩余静校正处理后，各道之间的同相轴抖动与扭曲现象得到较好的消除，同向轴连续性明显增强，微地震数据中近地表因素造成的剩余静校正问题得到了较好的解决。

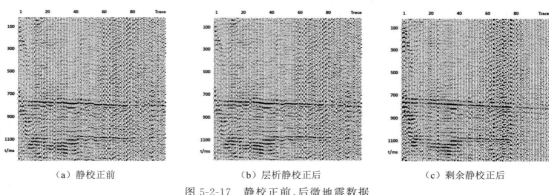

（a）静校正前 （b）层析静校正后 （c）剩余静校正后

图 5-2-17 静校正前、后微地震数据

　　为了进一步验证地面三维地震与地面微地震联合校正方法的实用性，对校正前后的微地震事件进行定位结果对比。图 5-2-18（a）是联合校正前的微地震事件定位结果，由于复杂近地表的不利影响，如：微地震数据信噪比低、微地震事件拾取误差大和速度模型优化不准确等，只能识别能量较强的少量微地震事件；图 5-2-18（b）是联合校正后的微地震事件定位结果，即对微地震数据进行约束层析静校正、速度模型优化校正、剩余静校正等，复杂近地表的影响得以消除，建立的速度模型更加准确，弱能量微地震事件易于定位，能够有效定位的微地震事件数量明显增加。

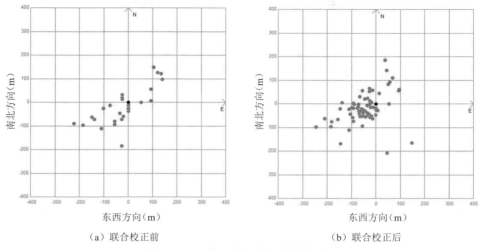

（a）联合校正前　　　　　　　　　　（b）联合校正后

图 5-2-18　微地震事件定位结果对比

地面微地震与地面三维地震联合校正方法的目标就是提高微地震事件识别准确度、减小微地震事件定位误差,关键是约束层析静校正、速度模型优化校正、剩余静校正等逐步校正的思路,该联合校正方法是确保微地震事件精确定位的一项重要技术。

三、微地震精确定位技术

目前对致密储层进行水力压裂改造时,需要利用微地震监测技术评价压裂效果、监控压裂裂缝形态特征及展布情况,发挥对储层压裂的指导作用。微地震监测方式主要包括:地面微地震、浅井微地震和井中微地震。井中微地震监测数据信噪比整体较高,且不受复杂近地表和地面噪音的干扰,利用微地震事件的初至时间进行定位具有较高的精度。但是,地面微地震监测数据信噪比整体较低,对微地震定位技术提出了更高的要求。

在地面微地震与地面三维地震联合校正的基础上,既可以通过微地震事件初至识别的方法进行定位,也可以通过能量扫描叠加的方法进行定位。由于初至拾取类定位方法对数据信噪比要求较高,而目前地面微地震监测数据的信噪比普遍较低,开展了非均一化互相关能量扫描叠加方法研究。

（1）非均一化互相关能量扫描叠加定位方法

定位技术是微地震压裂监测的核心技术,也是地面微地震处理的难点之一,需要开发具有抗噪性能好、定位结果精度高、运算效率高的方法。地面微地震监测数据的信噪比低,大部分微地震事件的初至时间无法准确拾取或拾取误差较大,通过拾取微地震事件初至信息的定位方法难以满足定位精度的要求,制约着地面微地震监测技术的应用与推广。

针对地面微地震监测数据初至拾取误差大的问题,开展了能量叠加定位方法研究。根据所需解决的定位问题和波场传播的特点,在选择跟踪分量时,可以采用具有不同选择性的极化滤波方法。一般情况下,地震波振动的跟踪分量在空间的取向由两个因素决定,一是沿测线波矢量方向在空间的变化规律,二是每个观测点处干扰波的叠置特点。在每个观测点处波矢量方向由波的传播方向决定,而传播方向与震源点到观测点的相互位置以及介质结构变化有关。当震源点从一个位置到另一个位置移动时,波矢量方向会有规律地发生渐变。同时与有效波不同的是,干扰噪声一般具有随机性特点,相干噪声在相邻道上的偏振特点也会有所差异。

有效波振动方向与干扰波振动方向之间的夹角越小,则跟踪分量偏移波矢量方向越大,也就是跟踪分量偏离有效信号振动方向越严重。而对于平稳的简单线性偏振波,跟踪分量与有效波振动方向一致。假设微地震监测的背景噪声是随机平稳的线性偏振噪声,可以认为有效波的波至方向就是跟踪分量方向,将三分量数据投影到跟踪分量上之后再进行叠加等处理,一方面能够保留三分量数据中的振动方向信息,同时增强了定位方法的抗噪能力。

利用模型正演得到的初至波走时对微地震数据进行校正,判断微地震事件同相轴校平效果的准则有多种,但主要包括两种:叠加能量方法与相关性方法。能量叠加准则是一种比较基本的算法,即利用空间(x_i, y_i, z_i)点到接收台站的初至波走时对微地震记录进行校正,根据能量和 $E(x_i, y_i, z_i)$ 的聚焦性实现定位处理,公式如下:

$$E(x_i, y_i, z_i) = \sum_{i=1}^{N} \left| \sum_{rec=1}^{M} S(x_i, y_i, z_i, G(rec), j) \right| \tag{5-2-1}$$

式中:$S(x_i, y_i, z_i, G(rec), j)$——所选取的时窗中空间($x_i, y_i, z_i$)点到第 rec 个接收台站
　　　　G(rec)初至信号的跟踪分量;

　　　　M——接收台站数量;

　　　　N——为时窗长度。

由于在跟踪分量方向上有效信号的能量最强,某一网格点在震源位置上或在震源位置附近时,叠加能量会达到最大。但是,在某一方向上存在比较强而且具有方向性的噪声时,定位结果会出现比较大的偏差,能量叠加的精度也相对较低。

协方差准则是基于判断校正后数据波形相似程度的一种算法,比较实用的算法为利用校平后所选取时窗内的数据建立协方差矩阵,求其特征值。选择其中的最大特征值,求最大特征值与各个特征值之和的比值,这个比值表示数据相关性的相对大小。虽然不同网格点得到的跟踪分量能量并不相同,但是反映在相关系数上却可能是非常接近的,在这种情况下还需要再利用主特征向量法对直达波进行偏振分析或作能量直方图,最终确定微地震震源的方位。

为克服以上方法的缺陷,需要在分析初至校正效果时,充分利用能量叠加与相关性的信息。为此,引入了非均一化互相关准则作为初至校平的判断依据。非归一化互相关是用于速度分析的一种方法,在速度谱计算中沿着叠加双曲线在一个时窗内对 CMP 道集进行非归一化互相关求和。微地震事件校正后数据为:$[x_i(j), j=1, \cdots, M, j=1, \cdots, N]$,其中 N 是总的接收台站个数,M 是所选取时窗内采样点的个数,非归一化互相关的求和关系式如下:

$$K = \sum_{i=1}^{N-1} \sum_{k=i+1}^{N} \sum_{j=0}^{M} x_i(j) x_k(j) \tag{5-2-2}$$

非归一化互相关方法可以视为各道之间零互相关函数相加之和,对两个平稳随机变量而言,互相关函数在理论上接近于零。而对于两个有效信号来说,二者之间互相关函数的最大值与每个信号的自相关极大值有关。当二者波形相近而相位不同时,相关系数的极大值与二者间的时差有关;在二者同相位的情况下,互相关函数的极大值出现在时间原点处。根据这个特点,在进行空间扫描叠加时,如果网格点是震源位置,对初至波的校正效果达到最佳,也就是将初至波同相轴校平,计算的非归一化互相关值将达到最大。非归

一化互相关的计算中保持了微地震事件的振幅,能够体现震源方位角的信息。

将压裂段进行网格剖分,利用非均一化互相关方法计算每一个剖分网格的叠加能量,通过能量谱聚焦性来进行微地震事件定位。227 井工厂微地震事件的叠加能量谱和微地震事件定位结果如图 5-2-19 所示。

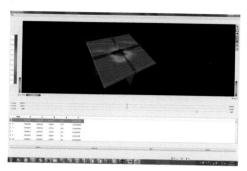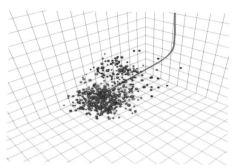

图 5-2-19　Y227 井工厂叠加能量谱(左)及定位结果(右)

(2)能量双向累积裂缝成像方法

开展微地震能量双向累积裂缝成像方法研究,对常规能量扫描叠加定位方法进行改进。在压裂段剖分网格的空间方向能量累积过程中,通过相似系数提高弱信号的识别能力;在监测时间方向的能量累积过程中,引入能量平衡因子,消除不同时窗之间背景噪音差异的影响;采用梯度算法实现骨架构建,凸显压裂裂缝的变化情况,实现压裂裂缝成像。

针对初至拾取类常规方法存在的不足,开展了微地震双向能量累积裂缝成像技术研究。该技术具有两方面的优势:一方面,通过压裂段周围剖分网格的空间方向能量累积,降低强能量噪音干扰的不利影响,实现弱能量微地震事件的准确定位;另一方面,通过监测时间方向的不断累积,提高压裂裂缝成像的精度,实现压裂裂缝的延伸和动态展布。

针对以往地面微地震监测数据信噪比低、初至拾取误差大的问题,对单个时窗内的能量扫描叠加方法进行了改进,采用能量叠加与相似系数结合的方法,增强弱信号的识别能力,并通过压裂时间方向和压裂段网格点方向两个方面的能量累积,采用双向累积方法实现人工裂缝成像和动态展布。

将压裂段进行网格剖分,网格点位置为 $g_{i,j,z}$,i,j,z 分别为东西方向网格点、南北方向网格点和深度方向网格点,一般情况下东西方向和南北方向网格范围为 500 m,深度方向网格范围为 200 m,网格大小可以选择 10 m×10 m×5 m,在运算效率可接受的情况下,网格大小也可以选择 5 m×5 m×2 m。网格较小时,运算量较大,可以通过并行算法提高运算效率。在微地震与地面三维地震联合校正的基础上,已经消除了复杂近地表的不利影响,并建立了准确的层状速度模型,利用射线追踪方法计算每个网格点到地面节点台站的传播时间。网格点 $g_{i,j,z}$ 到第 k 个节点台站的传播时间为 $T_k g_{i,j,z}(k=1,2,\cdots,P)$,$k$ 为地面微地震节点台站号,P 为节点台站总数量。

已经计算得到网格点 $g_{i,j,z}$ 到所有 P 个节点台站的传播时间,则对选定时窗内的数据进行动校正处理,其数学表达式为:

$$Field_{2N}T_k g_{i,j,z}(t)=Field_2 T_k(t-(T_k g_{i,j,z}-T_0 g_{i,j,z}))\ (k=1,2,\cdots,P)$$

(5-2-3)

式中:$Field_2 T_k(t)$——层析静校正和剩余静校正后的微地震数据;

$T_k g_{i,j,z}$——网格点 $g_{i,j,z}$ 到第 k 个节点台站的传播时间；

$T_0 g_{i,j,z}$——网格点 $g_{i,j,z}$ 到基准节点台站的传播时间，以此节点台站为基准消除其他节点台站的正常时差；

$Field_{2N} T_k g_{i,j,z}(t)$——利用网格点 $g_{i,j,z}$ 进行走时差消除后的微地震数据。

对微地震数据完成动校正处理，在消除传播路径差异的基础上，基于微地震事件在不同节点台站之间的相似性，计算微地震数据的叠加能量，每一个网格点 $g_{i,j,z}$ ($i=1,2,\cdots,G_{EW}$，$j=1,2,\cdots,G_{SN}$，$z=1,2,\cdots,G_{Depth}$) 具有一个能量值，完成所有网格点的计算后就会得到一个包含相似系数的三维能量体。

时窗 T_i 范围内的三维叠加能量体的计算公式如下：

$$ES_{T_i} = \sum_{t=1}^{T} \left[\sum_{k=1}^{P} (Field_{2N} T_k g_{i,j,z}(t) \times \varphi) \right]^2 \qquad \varphi = \frac{1}{P-1} \sum_{j=1}^{P-1} cor_j \qquad (5\text{-}2\text{-}4)$$

式中：T——时窗长度；

t——时间采样点；

$\varphi = \dfrac{1}{P-1} \sum\limits_{j=1}^{P-1} cor_j$——第 j 道微地震数据与其他 $P-1$ 道数据的相似系数平均值。

如果其中一个网格点为微地震震源点位置，那么微地震事件由于传播距离不同而产生的走时差就得以消除，选定时窗内的微地震事件直达波被校平后，所有地震道数据进行叠加处理，并通过相似系数实现弱信号的有效叠加，该网格点的能量值在叠加能量体 ES_{T_i} 中是最大的，也就是说最大能量值 $ES_{T_i}^{\max}$ 所对应的网格点即是震源点。

通过压裂段周围剖分网格的空间方向能量累积，降低了强能量噪音干扰的不利影响，可以实现弱能量微地震事件的准确定位。整个压裂段时间范围内所有的选定时窗均可以计算得到一个三维能量体，将所有选定时窗的三维能量体再进行叠加，可得到整个压裂段时间范围内的三维能量叠加体。

整个压裂段时间内的三维叠加能量体的计算公式如下：$ES_{ALL} = \sum\limits_{T_i = T_1}^{T_{ALL}} [ES_{T_i}]$ ，其中：T_1 为整个压裂段内第 1 个时窗；T_{ALL} 为整个压裂段内时窗的总数；ES_{T_i} 为第 T_i 个时窗内的三维能量体。

由于不同时窗范围内的微地震监测数据存在差异，不同时窗内的噪音干扰也明显不同，因此引入能量平衡因子 θ，消除了不同时窗之间的能量差异，凸显微地震事件的作用，其数学表达式如下：

$$ES_{ALL} = \sum_{T_i = T_1}^{T_{ALL}} \left[\sum_{t=1}^{T} \left[\sum_{k=1}^{P} \left(Field_{2N} T_k g_{i,j,z}(t) \times \frac{1}{P-1} \sum_{j=1}^{P-1} cor_j \right) \right]^2 \times \theta \right] \qquad (5\text{-}2\text{-}5)$$

采用能量双向累积方法可以得到整个压裂段时间范围内的三维能量体，在不同时窗能量体叠加过程中，通过引入的能量平衡因子，既能消除不同时窗之间背景噪音差异的影响，也能凸显聚焦性好的微地震事件，从而保证不同时窗内微地震事件能量体的合理叠加。

利用精确定位方法定量描述 Y560 井工厂裂缝网络的展布形态，包括方位、长度、高度、宽度等随空间和时间变化的信息。图 5-2-20 中不同颜色点为 Y560-斜 6 井和 Y560-斜 9 井不同压裂段的微地震事件点，俯视图可以评价微地震事件点在平面的展布方位及展布范围，侧视图可以分析微地震事件点在垂向上的延伸范围，如图 5-2-20 所示。

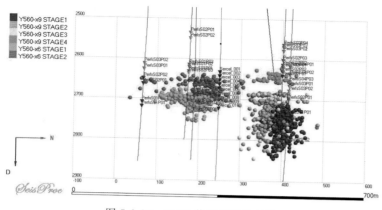

图 5-2-20 Y560 井工厂定位结果

根据微地震事件的空间位置和发生时刻,进行压裂裂缝成像。Y560-X9 井第 1 段至第 3 段的裂缝主要集中在北西方位的垂直构造内,该区域裂缝非常发育。Y560-X9 井第 4 段裂缝规模较小,Y560-X6 井第 1 段至第 2 段裂缝在北西和北东两个方向均有分布,这与本区域复杂的砂砾岩体地质构造有很大关系,如图 5-2-21 所示。

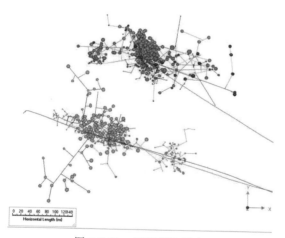

图 5-2-21 压裂裂缝展布

地震形变是单位体积内微地震事件的矩震级,射孔点和断层附近的地震形变值最大,压裂改造效果也最好,地震形变随着与射孔点之间距离的增加而减小,图 5-2-22 是 Y560-斜 6 井和 Y560-斜 9 井地震形变俯视图和侧视图。

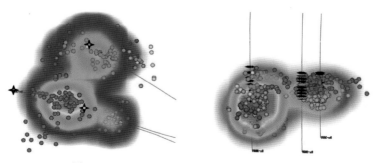

图 5-2-22 地震形变俯视图(左)、侧视图(右)

第三节　微地震解释技术

针对微地震事件定位结果存在的多解性问题,研究了微地震与地面三维地震、测井、工程压裂信息等多种资料联合的解释技术,深入分析了天然微小裂缝、地应力对微地震事件数量的影响,探讨分析了压裂液浓度对储层压裂改造的作用。通过多种资料的综合解释与应用,减少了人工压裂裂缝解释的多解性,能够更好地评价压裂效果,发挥对致密储层压裂的指导作用,最终实现提高油气采收率的目的。

一、微地震事件解释及 SRV 计算

在地应力差较大的地质条件下,常规压裂技术往往形成比较单一的双翼裂缝,由于常规的双翼裂缝具有形态简单和方位角单一的特点,通过裂缝长度、高度、方位角、宽度等信息就可以精细刻画。而体积压裂等复杂压裂技术可以形成网状裂缝或分支裂缝,这种复杂的网状裂缝仅仅通过长、宽、高等参数是无法准确描述的,需要采用更加精细的解释方法。在常规直接解释的基础上,开展了分时段的裂缝方位角和微地震事件密度分布研究,并进行了压裂储层改造体积(SRV)计算分析,实现了网状裂缝的合理解释。

玫瑰图是由一个圆形密度坐标和一个线性密度坐标构成的,其中:圆形密度坐标用来表示微地震事件点(压裂裂缝的方位),取值从 0° 到 360°,步长为 5°;线性密度坐标用来表示微地震事件点密度或裂缝密度(裂缝发育强度),如果某个方位微地震事件点数量多、密度大,则玫瑰图中该方位的花瓣长度越长,压裂裂缝密度或裂缝发育强度就越高。

玫瑰图的求取就是对定位事件点进行数学统计分析,将数学统计分析得到的所有方位角内的微地震事件点发生频率进行归一化后展现到图中,圆形密度坐标则反映了微地震事件点或压裂裂缝的方位角,线性密度坐标反映了某个方位的微地震事件数量或裂缝密度。

图 5-3-1(a)是 HG6 井的微地震事件点及直线拟合结果,压裂期间共监测到 209 个微地震事件,拟合得到的裂缝方位是 NE69.6°。由于该井区地应力差较小,而且采用较为复杂的压裂工艺,拟合直线的方位角可以反映网状裂缝的主缝发育方向,但描述不够准确。图 5-3-1(b)是微地震事件点的玫瑰图,从玫瑰图中可以直观地看到压裂裂缝在各个方位的发育情况,能够更好地描述复杂网状裂缝。

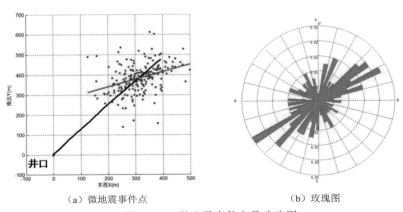

（a）微地震事件点　　　　　　　　　（b）玫瑰图

图 5-3-1　微地震事件点及玫瑰图

图 5-3-2(a)是 LX905 井压裂的微地震事件点三维显示,图 5-3-2(b)是通过微地震事件点计算得到的压裂裂缝发育密度图。该井储层为高压、特低渗透率粉砂岩储层,相对于压裂裂缝方位和长度的直接解释,压裂裂缝发育密度图不仅能够反映裂缝的长度和方位,而且能够将微地震事件点的数量体现出来,压裂裂缝发育密度图优于常规的直接解释效果。

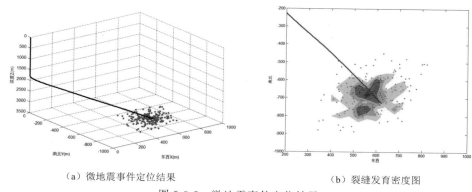

|（a）微地震事件定位结果|（b）裂缝发育密度图|

图 5-3-2　微地震事件定位结果

对微地震定位结果进行拟合平面求取,Y560 井工厂是砂砾岩体储层,Y560-X6 井和 Y560-X9 井的压裂裂缝主要沿水平方向和垂直方向延伸,其中水平方向裂缝平面的方位是 NE133°,倾角 7°,垂直方向裂缝平面的方位是 NE120°,倾角接近 90°,压裂裂缝沿近似垂直方向延伸,这与该地区天然裂缝发育有关,如图 5-3-3 所示。

对致密储层水力压裂进行微地震监测的首要目的就是评价压裂效果,根据微地震事件的精确定位结果,综合评判水力压裂,结果与压裂设计是否吻合。对于复杂展布的网状裂缝,需要计算压裂裂缝覆盖面积和波及体积,从而预测压裂井产能。Mayerhofer 提出了压裂储层改造体积(Stimulated Reservoir Volume,SRV)和压裂储层前缘面积(Stimulated Reservior Frontier,SRF)的概念。SRV 是微地震事件点空间分布的波及体积,SRF 是微地震事件点平面分布的覆盖面积。通常情况下,SRV 越大则裂缝展布越复杂,致密储层的改造区域越大,对于评价人工压裂效果和预测压裂井产能有重要意义。

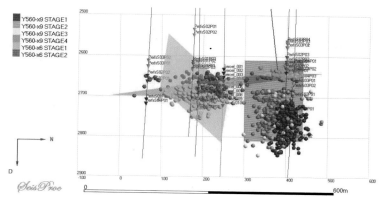

图 5-3-3　裂缝拟合平面

最常用的 SRV 计算方法是装箱法,将俯视平面(XY 平面)做网格剖分,然后根据每个网格内的所有事件点中的深度最浅位置和深度最深位置,构建该网格的一个长方体,将所有长方体的体积求和即可计算得到 SRV。根据微地震事件点的平面分布可以计算 SRF，根据微地震事件点的立体分布可以计算 SRV。Delaunay 三角形剖分方法可以实现 SRV 和 SRF 的计算，但是该方法是通过凸多边形来完成计算的，如果微地震事件点分布存在局部缺失或内凹情况，即是一个凹多边形时，仍然采用凸多边形的方法进行计算是不准确的。

为了精确计算凹多边形的 SRV 和 SRF，采用基于 Delaunay 三角形剖分的 Alpha-Shape 方法，求取凹多边形的边界和轮廓。假设微地震事件点的集合为 M，Alpha-Shape 方法中的 α 是去掉不包含微地震事件点所用圆形的半径，当 $\alpha \rightarrow 0$ 时，Alpha-Shape 计算结果就是点集 M，即所有微地震事件点之间的空间都被舍弃；当 $\alpha \rightarrow +\infty$ 时，Alpha-Shape 计算结果就是点集 M 的凸多边形外轮廓，即没有舍弃微地震事件点之间的任何空间，与 Delaunay 三角形剖分方法计算的 SRV 和 SFR 相一致。

在完成微地震事件点定位处理后，可以计算压裂裂缝前缘面积(SRF)和波及储层体积(SRV)，从而对压裂效果进行评价，预测油气产量。对 Y560 井工厂砂砾岩体致密储层的改造体积进行计算，改造体积达到 1×10^6 m³ 以上，如图 5-3-4 所示。

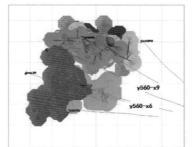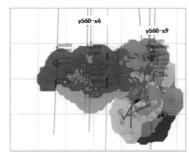

图 5-3-4   SRV 计算结果俯视图(左)及侧视图(右)

二、微地震事件与地球物理信息联合解释

通过地面三维地震数据可划分层位、天然断层、天然裂缝等，并可解释得到各类属性体等地球物理信息。通过测井信息可得到地应力方向、地层速度、地层岩性等物性参数。各类地球物理信息具有各自的特点，不同的信息能够间接反映微地震事件的发生规律。研究微地震事件与地球物理信息的关系，为微地震事件与地球物理信息联合解释提供理论依据，通过建立微地震事件定位结果与地球物理信息等的联合解释技术，能够实现对微地震定位结果的修正，从而减少人工裂缝解释的多解性，提高微地震事件定位的可靠度。

微地震事件定位结果主要通过坐标来表示，东西方向、南北方向和深度方向的坐标单位是 m，微地震事件点是深度域数据。在微地震事件定位结果和三维地震数据体联合解释时，如果三维地震资料已经是深度域的，那么可以直接进行微地震事件点与三维地震数据的联合解释。当三维地震资料采用叠前时间偏移技术处理时，三维地震成果数据是时间域的，这就需要进行时深转换，然后才能实现微地震事件点与三维地震数据的联合解释。

时深转换时，可以利用研究区标定井的平均速度，在解释层位的指导下，对解释的各反射层进行网格化，建立符合地下实际沉积特征的地质模型，利用合成记录标定结果得到的层速度进行内插，建立速度模型。然后利用工区内的钻井分层等速度资料作为约束条件对速度场进行校正,确保建立速度模型的精度能够把深度域的微地震定位离散点转换到时间域,或把时间域的三维地震资料转换到深度域,实现微地震与地震数据的联合解释。联合解释技术可以实现三维地面地震、井轨迹、速度模型等多种数据资料的解释,也可进行微地震事件点与地震属性、层位的解释。

Y560-X9 井改造裂缝缝高较大,裂缝沿近似垂直方向延伸,第 3 段的微地震事件位于第 1 段和第 2 段范围内,从三维地震剖面中可以看出,东西向垂直断层起到决定性作用,压裂改造沟通了天然断层,如图 5-3-5 所示。

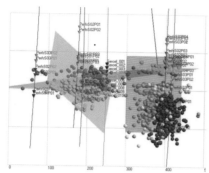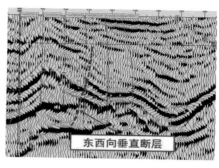

图 5-3-5   微地震事件(左)与三维地震(右)联合解释

微地震监测结果与地面三维地震数据成果可以相互印证,并可以对微地震监测结果做进一步的校正,提高微地震监测结果的可靠度。CX925 井共监测到 158 个微地震事件点,裂缝方位 NE86.9°,左翼半缝长 165 m,右翼半缝长 181 m,总缝长 346 m,压裂储层前缘面积 SRF=5.69×10⁴ m²,压裂储层改造体积 SRV=46.8×10⁴ m³,将微地震定位结果与三维地震资料进行联合解释,可见压裂改造达到了设计要求,如图 5-3-6 所示。

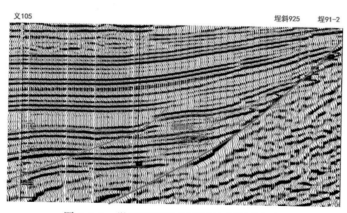

图 5-3-6   微地震事件与三维地震联合解释

三维地震属性体非常多,包括:振幅属性、频率属性、相位属性、相干体、天然裂缝、断层等,各类属性与储层含油气性、裂缝发育、断层等具有复杂的关系。致密储层物性与裂缝密切相关,致密储层的油气产能受到天然裂缝的控制,断层、裂缝、孔洞等越发育,则致密储层越容易改造,油气产量越高。

利用三维地震数据可以进行断层和裂缝的精细预测与描述,在此基础上与微地震事件定位结果进行联合解释。一方面,通过对比研究三维地震预测天然裂缝与微地震监测人工压裂裂缝的特征,研究天然小断层、天然微小裂隙对人工压裂改造的影响;另一方面,通过三维地震裂缝预测分析微地震监测人工裂缝的展布情况,进行微地震监测结果的校正,提高微地震事件定位结果描述的直观性与准确性,减小微地震事件点解释的多解性。

由于三维地震数据很难清晰的直接识别断层、裂缝和沉积体等,需要利用三维地震数据计算各类属性进行裂缝的精细预测与描述,常用的方法包括:叠后几何属性方法和叠前各向异性属性方法。叠后几何属性方法主要包括:相干体属性、方差体属性、蚂蚁追踪体属性、方位角属性、倾角属性、曲率属性等方法;叠前各向异性属性方法主要包括:井震正演模拟分析方法、三维裂缝岩石物理模型方法、叠前各向异性属性优选方法等。

相干技术是通过计算相邻地震道的相似性,据此来确定地震属性空间连续性的分布,完成地质体空间展布的解释工作。相对于地震资料水平切片而言,相干技术可以更好地突出不连续性,地质解释也更加直观。第一代相干体技术基于互相关算法,具有运算效率高的特点,但是抗噪性较差;第二代相干技术基于相似系数算法;第三代相干技术基于本征结构分析算法,第二代和第三代相干技术具有较好的抗噪性。目前常用的相干技术是第四代地震分频相干技术,能够有效识别细小断层及天然裂缝,在优选合适分频地震数据的基础上,采用本征值方法进行相干计算,通过相邻道的地震波形相似性,揭示地层的不连续性,从而识别细小断层及天然裂缝。由于地层倾角对相干系数的计算影响较大,可以在设定的倾角搜索范围内,通过上下移动目标道来重复计算相干系数。

曲率属性是叠后地震成果资料预测裂缝的重要属性之一,最大正曲率属性、最大负曲率属性能够更加有效地刻画微小断层和裂缝。计算曲率属性的算法非常丰富,通过结果对比,基于曲线拟合的曲率属性计算方法效果较好。

对 Y176 井进行地面微地震监测,监测裂缝方位 NE76.7°,在设计 YYP1 井时,井轨迹方位与压裂裂缝方位垂直,才能够更好地改造储层,Y176 井监测结果有效指导了水平井的井轨迹设计如图 5-3-7 所示。

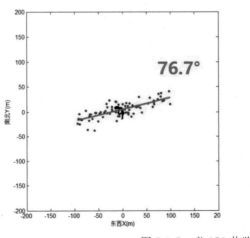 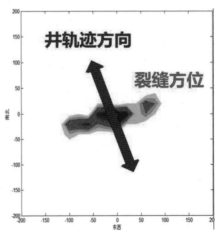

图 5-3-7　义 176 井监测结果俯视图

微地震监测裂缝方位 NE76.7°,多场耦合地应力预测方位 NE82.6°,压裂裂缝受到最大主应力和活动性天然裂缝的双重影响,如图 5-3-8 所示。

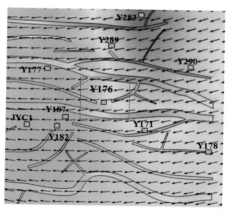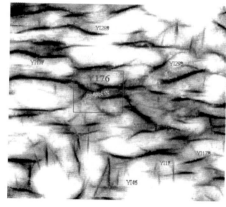

图 5-3-8　地应力(左)及天然裂缝(右)预测结果

为更好地改造致密储层,根据 Y176 井微地震监测裂缝展布情况,结合井区构造特征设计井轨迹方向,实现了 YYP1 井的最优井位部署,如图 5-3-9 所示。

可见通过与三维地震数据、地震属性体、天然裂缝预测、地应力预测的联合解释,验证了微地震监测结果的可靠性,减少了微地震定位结果解释的多解性,能够为后续的致密储层改造提供指导意见。

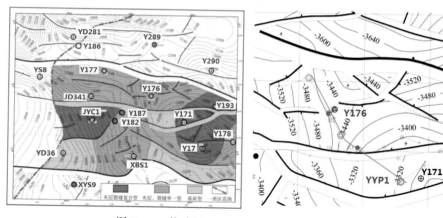

图 5-3-9　构造图(左)及设计井轨迹方位(右)

三、微地震事件与压裂工程信息联合解释

对致密储层进行压裂改造,压裂工程信息包括:压裂液类型、支撑陶粒类型、支撑剂量、压裂施工曲线等,各类压裂工程信息具有各自的特点,对致密储层的改造作用也各不相同,在此重点分析压裂施工曲线和压裂液浓度的影响。

进行储层压裂时可得到压裂施工曲线,主要包括:油压、套压、砂比、排出排量等,这些曲线能够反映储层压裂的改造过程和效果。不同浓度的压裂液、油压、套压、砂比、排出排量等,代表不同的压裂改造效果,能够反映储层压裂的过程,以及微地震事件的发生时间和数量。研究微地震事件与压裂工程信息的内在关系,可为微地震事件与压裂工程信息联合解释提供理论依据。

另外,微地震监测的定位误差与压裂段的垂深深度相关,一般情况下定位误差的范围为压裂垂深深度的 3%～5%,在规模较小的砂砾岩体等致密油藏压裂中,定位误差还可能增大,无法满足高效勘探开发的应用需要。因此,根据微地震震源定位的能量、时间、分布密度,并结合水力压裂施工中各类参数资料,开展微地震事件与压裂工程信息联合解释技术研究。联合应用微地震事件、压裂工程信息等,实现多种类型数据的加载、显示和解释等功能,进一步剔除无效微地震事件,对微地震定位结果进行校正,提高微地震事件的定位可靠度。

图 5-3-10 是微地震事件与压裂工程曲线联合显示结果,随着水力压裂的进行,压裂液和支撑剂被注入到致密储层中,由于地层压力发生剧烈变化,岩石破裂产生微地震信号。通过微地震事件与压裂工程曲线联合解释,可以实现微地震事件发生时刻、能量值、分布密度与压裂施工曲线的联动,在分析解释过程中,将能量值较小、发生时刻与压裂施工曲线不吻合的微地震事件剔除,实现微地震事件定位结果的校正,提高压裂监测的可靠度。

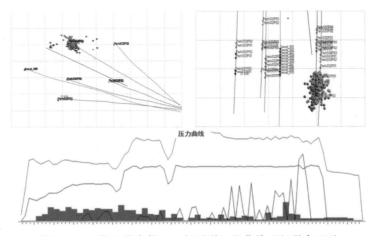

图 5-3-10   微地震事件(上)与压裂工程曲线(下)联合显示

图 5-3-11 是 YX558 井微地震事件数量与不同浓度压裂液及压力曲线的联合显示,其中:红色实线为压力曲线,蓝色实线为微地震事件数量,黄色柱状线为砂比。该区块压裂段孔隙压力为 23.4～23.8 MPa,上覆压力为 57.2～58.1 MPa,水平地应力差为 5～8 MPa,具有形成复杂分支裂缝的条件。因此,采用“大排量低黏液造分支裂缝＋高黏液造高导流主缝”的压裂方案,压裂液采用“低黏液＋中黏液＋高黏液”交替注入的方式。

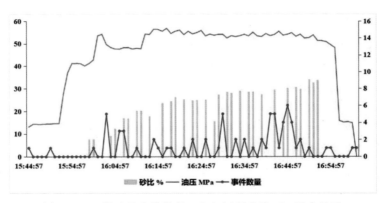

图 5-3-11   微地震事件数量(下)与压裂曲线(上)联合显示

从图中可以看出,在不同浓度压裂液体交替注入时,即低浓度压裂液体、中浓度压裂液体与高浓度压裂液体交替注入,压力曲线都出现了压力明显下降的现象,并与微地震事件数量明显增多相吻合,不同浓度压裂液体交替注入有利于裂缝形成。

为了进一步验证液体交替注入有利于裂缝形成的认识,在室内通过数值模拟做进一步的分析。一种液体注入时 SRV 较小,注入滑溜水为 16.8×10^4 m³,注入线性胶为 13.2×10^4 m³;液体交替注入时 SRV 较大,滑溜水与胶液交替注入为 24.6×10^4 m³,线性胶与胶液交替注入为 19.8×10^4 m³。数值模拟结果与实际压裂微地震监测结果相吻合,表明液体交替注入有利于提高裂缝复杂程度。另外,相对于线性胶液体,低浓度滑溜水更易于裂缝的形成,在压裂过程中可以适当加大滑溜水的注入,从而实现压裂裂缝与天然裂缝的沟通,不同浓度压裂液模拟 SRV 结果,如图 5-3-12 所示。

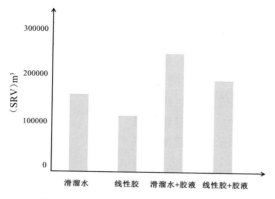

图 5-3-12　不同压裂液模拟 SRV 结果

将微地震监测结果进行分时段分析,图 5-3-13 是压裂前期、压裂中期、压裂后期的定位结果俯视图,图 5-3-14 为相对应阶段的裂缝方位玫瑰图。将分时段的微地震事件与压裂液浓度进行联合解释。在压裂前期和压裂中期注入浓度相对较小的滑溜水和线性胶液

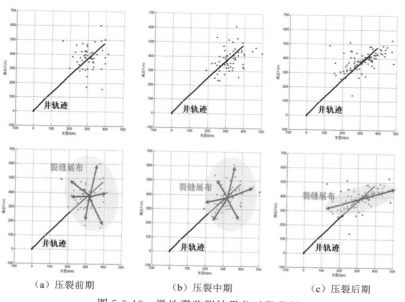

（a）压裂前期　　　　　　（b）压裂中期　　　　　　（c）压裂后期

图 5-3-13　微地震监测结果分时段分析

体,以造分支裂缝为主;在压裂后期注入高浓度的冻胶,进一步提高主缝的导流能力。从图中可以看出,压裂前期微地震事件点比较分散,形成了较为复杂的分支裂缝。压裂中期不同角度的分支裂缝发育,形成了较为复杂的网状裂缝,与压裂前期和压裂中期注入浓度相对较小的液体相吻合,达到了改造形成分支裂缝的目的。压裂后期微地震事件聚集,该时间段形成了单一方向的主裂缝,玫瑰图显示裂缝方位角度单一,高导流主缝形成,与压裂后期注入高浓度的冻胶液体相吻合,达到了进一步提高压裂主裂缝导流能力的目的。

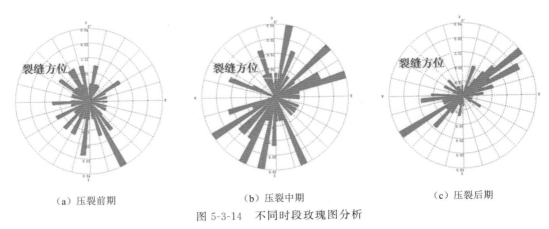

（a）压裂前期　　　　　（b）压裂中期　　　　　（c）压裂后期

图 5-3-14　不同时段玫瑰图分析

根据研究结果,优化了 HG6 井压裂方案,HG6 井微地震监测结果显示形成了复杂网状裂缝,压裂后初期产油 15 t/d,后期稳产在 8 t/d,该井快速收回了压裂成本,微地震监测结果与产量相吻合,如图 5-3-15 所示。

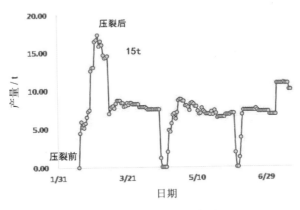

图 5-3-15　HG6 井产量

针对 K761-15 井目的层岩性复杂、天然裂缝发育、水平应力差小的特点,采用"大排量低黏液造分支裂缝＋高黏液造高导流主缝"的压裂方案,根据微地震监测结果并进一步加大低浓度压裂液体的比例,将低浓度液体与高浓度液体比例由 1∶2 优化为 2∶1,通过增加低浓度液体以获得更优的压裂效果。K761-15 井进行组合裂缝压裂,压裂后初期产油 80 t/d,后期稳产在 20 t/d,压裂后 1 个月自喷累油近 2 000 t,快速收回压裂成本,压裂增产效果明显,如图 5-3-16 所示。

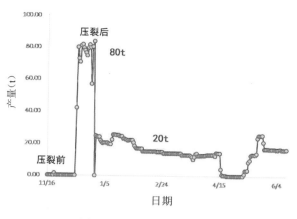

图 5-3-16   K761-15 井产量

通过组合裂缝网压裂技术与微地震监测结果的联合应用,形成了"分支缝＋主缝"的压裂方案,有效提高了砂砾岩致密储层的改造效果,发挥了微地震监测结果的指导作用。在规模较小的砂砾岩体等致密油藏压裂中,定位误差较大,需要通过微地震事件与压裂曲线的联合解释,剔除不合理事件点,从而提高微地震监测结果的可靠度。图 5-3-17 为 K95-25 井微地震事件与压裂工程曲线的联合显示结果,其中:淡蓝色柱状线为微地震事件数量,红色实线为油压,蓝色实线为套压,绿色实线为砂比。从图中可以看出,压裂开始后,油压快速提升,在达到 56.75 MPa 后,压力出现明显下降,表明裂缝开启,同时也监测到大量微地震事件。在压裂过程中,油压不断下降,整体波动较小,微地震事件仍大量发生。在压裂车停泵降压之后,仍然有微地震事件出现,并具有事件数量不断减少的趋势。

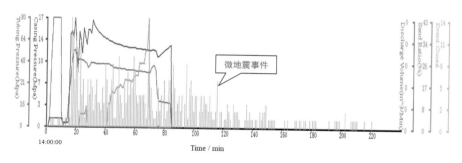

图 5-3-17   微地震事件与压裂工程曲线联合显示

对微地震事件数量进行分析,在 220 分钟的监测过程中完成了 495 个微地震事件的定位,有效压裂时间范围内包含 376 个微地震事件,微地震事件数量占比 75.96%,大部分微地震事件发生在水力压裂期间(图 5-3-18)。

为了进一步验证微地震监测结果的可靠度,对不同时间段的微地震监测数据进行定位处理。对压裂前后的监测数据进行分析,压裂施工之前,几乎没有微地震事件,只有个别时间上存在 1～2 个微地震定位结果,这是噪音干扰的影响。在压裂过程中微地震事件大量发生,水力压裂停泵后,由于裂缝闭合仍有微地震事件不断发生,随着地层压力的不断释放,微地震事件逐渐减少。通过压裂前后的微地震事件数量结果分析,进一步验证了地面微地震定位结果的可靠度。在进行微地震监测成果应用时,要发挥数学统计理论的作用,从统计学的角度对微地震监测结果进行校正,剔除少量噪音干扰,提高微地震监测结果可靠度。图 5-3-19 为微地震事件与压裂工程曲线的联合显示,其中:上图为 12 点开始 120 分钟数据的微地震事件定位结果,压裂施工前几乎没有微地震事件。下图为 14 点开始 220 分钟数据的微地震事件定位结果,压裂施工开始后 85 分钟内大量微地震事件发生,停泵后微地震事件开始逐渐减少。

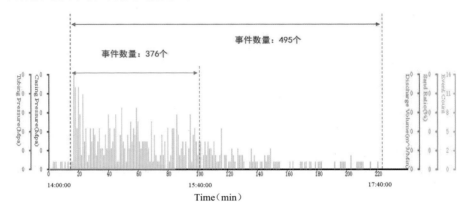

图 5-3-18　微地震事件数量分析

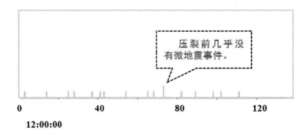

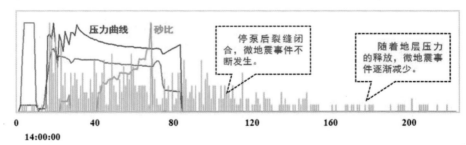

图 5-3-19　微地震事件与压裂工程曲线联合显示

由于地面微地震监测数据的信噪比低,微地震事件识别和定位难度大,得到的微地震事件定位结果中存在少量的噪音干扰,通过微地震事件定位结果与地震、地质、测井和压裂工程曲线等的联合解释,进行定位结果的校正,能够保证地面微地震监测结果的可靠度。

针对常规的双翼裂缝,由于裂缝形态单一,通过计算定位结果的长、宽、高和方位等信息,可以实现压裂结果的评价和分析。但是面对复杂的网状裂缝,常规解释技术无法描述人工压裂裂缝的展布和延伸变化,需要通过玫瑰图、事件点密度图、SRV、SRF、多种资料联合解释等,才能进一步评价压裂效果,为压裂提供指导意见。另外,由于受噪音干扰严重、观测条件受限等客观因素的影响,微地震事件定位结果存在定位误差及多解性问题,需要开展地球物理信息与压裂工程数据等多资料联合的定位结果修正及综合解释技术研究。

利用地面三维地震数据体及属性体、地质资料、测井数据信息、工程压裂曲线信息等，进行微地震事件几何属性参数计算、玫瑰图方位角计算、储层压裂改造体积计算、三维地震数据体及属性体联合解释、预测天然裂缝和地应力联合解释、定位结果分时段与压力曲线及压裂液浓度分析等，通过多种资料的联合解释应用，分析了微地震监测结果与地面三维地震、测井、压裂工程信息等的内在联系，可为压裂工程人员提供人工裂缝破裂状况，确定压裂裂缝空间位置和展布，进一步发挥对致密储层压裂的指导作用，有效提高致密油气藏的油气采收率。

参考文献 ▶▶▶

[1] 刘建伟,张云银,曾联波,等.非常规油藏地应力和应力甜点地球物理预测——渤南地区沙三下亚段页岩油藏勘探实例[J].地球物理石油勘探,2016,51(4):792-800.

[2] 王超,宋维琪,林彧涵,等.基于叠前反演的地应力预测方法应用[J].物探与化探,2020,44(1):141-148.

[3] 孙焕泉,王加滢.地下构造裂缝分布规律及其预测[J].大庆石油学院学报,2000,24(3):83-85.

[4] 王志刚.沾化凹陷裂缝性泥质岩油藏研究[J].石油勘探与开发,2003,30(1):41-43.

[5] 苏朝光,刘传虎,高秋菊.胜利油田罗家地区泥岩裂缝油气藏地震识别与描述技术[J].石油地球物理勘探,2001,36(3):371-377.

[6] 刘魁元,武恒志,康仁华,等.沾化-车镇凹陷泥岩油气藏储集特征分析[J].油气地质与采收率,2001,8(6):9-12.

[7] 张金川,金之钧,袁明生.页岩气成藏机理和分布[J].天然气工业,2004,24(7):15-18.

[8] Joel Starr. Closure stress gradient estimation of the marcellus shale from seismic data[C]. 2011 SEG San Antonio Annual Meeting:1789-1793.

[9] 王延光,杜启振.泥岩裂缝性储层地震勘探方法初探[J].地球物理学进展,2006,2(6):25-37.

[10] 郭洪金,李勇,钟建华,等.山东东辛油田古近系沙河街组一段碳酸盐岩储集特征[J].吉林大学学报(地球科学版),2006,36(3):351-357.

[11] 周仲礼,张艳芳,冯赵剑,等.地震反演技术在生物礁(滩)储层预测中的应用[J].天然气工业,2008,28(12):34-36.

[12] 敬朋贵.川东北地区礁滩相储层预测技术与应用[J].石油物探,2007,46(4):363-369.

[13] 李方明.计智锋,赵国良,等.地质统计反演之随机地震反演方法[J].石油勘探与开发.2007,34(4):451-455.

[14] 董国良,马在田,曹景忠,等.一阶弹性波方程交错网格高阶差分解法[J].地球物理学报,2000,43(3):411-419.

[15] 董国良,马在田,曹景忠,等.一阶弹性波方程交错网格高阶差分解法稳定性问题[J].地球物理学报,2000,43(6):856-864.

[16] 裴正林.任意起伏地表弹性波方程交错网格高阶有限差分法数值模拟[J].石油地

球物理勘探,2004,39(6):629-634.

[17] 李振春,姚云霞,马在田,等. 波动方程法共成像点道集偏移速度建模[J]. 地球物理学报,2003,46(1),86-93.

[18] 郭秋麟,石云. 油气勘探目标评价与决策分析[M]. 北京:石油工业出版社,2004.

[19] 徐胜峰. 地震岩石物理研究概述[J]. 地球物理学进展,2009,24(2):680-689.

[20] 杨培杰. 叠前三参数同步反演方法及其应用[J]. 石油学报,2009,30(2):232-236.

[21] 高刚. 储层预测技术在油气藏勘探中的应用分析[J]. 石油天然气学报,2008,30(3):234-236.

[22] 方赟,柯善珍,陈家敏,等. AVO地震反演在油气预测中的应用[J]. 特种油气藏,2002,9(4):22-24.

[23] 李师涛,张晋言,陆巧焕,等. 济阳坳陷泥页岩油气层测井响应特征研究[J]. 油气藏评价与开发,2012,2(3):66-69.

[24] 刘之的,戴诗华,王洪亮,等. 火成岩裂缝有效性测井评价[J]. 西南石油大学学报,2008,30(2):66-68.

[25] 张凤生,司马立强,赵冉,等. 塔河油田储层裂缝测井识别和有效性评价[J]. 测井技术,2012,36(3):261-266.

[26] 安丰全,李从信,李志明,等. 利用测井资料进行裂缝的定量识别[J]. 石油物探,1998,37(3):119-123.

[27] 冯翠菊,闫伟林. 利用常规测井资料识别变质岩储层裂缝的方法探讨[J]. 国外测井技术,2008,23(2):14-16.

[28] 李守军,王新征,韩忠义,等. 胜利油田王家岗地区沙四段裂缝储层测井识别方法研究[J]. 山东科技大学学报(自然科学版),2007,26(4):1-3.

[29] 雍世和,张超谟. 测井数据处理与综合解释[M]. 东营:石油大学出版社,1996.

[30] 景永奇,秦瑞宝. 利用裂缝指示曲线判别花岗岩潜山纵向裂缝发育带[J]. 测井技术,1999,23(1):38-42.

[31] 孟凡顺,徐会君,朱炎,等. 基于主成分分析的距离判别分析方法在岩性识别中的应用[J]. 石油工业计算机应用,2011,3(1):24-28.

[32] 张安霞,张红岩,陈彦召,等. 基于SPSS因子分析法的企业绿色供应链绩效评价[J]. 物流技术,2011,30(5):175-176.

[33] 杜丽,贾丽艳. SPSS统计分析从入门到精通[M]. 北京:人民邮电出版社,2009.

[34] 宋梅远,张善文,王永诗,等. 沾化凹陷沙三段下亚段泥岩裂缝储层岩性分类及测井识别[J]. 油气地质与采收率,2011,18(6):21-22.

[35] 余建英,何旭宏. 数据统计分析与SPSS应用[M]. 北京:人民邮电出版社,2005.

[36] 罗家国. 基于SPSS的课程因子分析研究[J]. 江西理工大学学报,2011,32(5):67-70.

[37] 梁斌,卓梅霞. 基于SPSS统计软件的因子分析法及实证分析[J]. 河西学院学报,2011,27(5):45-49.

[38] 王晓,周文,王洋,等. 新场深层致密碎屑岩储层裂缝常规测井识别[J]. 石油物探,2011,50(6):635-636.

[39] 李舟波. 地球物理测井数据处理与综合解释[M]. 长春:吉林大学出版社,2003.

[40]　马宏宇,杨景强,莫修文,等.多元判别分析方法在复杂油水层识别中的应用[J].国外测井技术,2006,21(5):14-16.

[41]　印兴耀,周静毅.地震属性优化方法综述[J].石油地球物理勘探,2005,40(4):484-486.

[42]　赵加凡,陈小宏.基于主成分分析与K-L变换的双重属性优化方法[J].物探与化探,2005,29(3):254-256.

[43]　王晓阳,桂志先,高刚,等.K-L变换地震属性优化及其在储层预测中的应用[J].石油天然气学报(江汉石油学院学报),2008,30(3):96-98.

[44]　罗勉初.浅层地震相干加强的计算程序[J].物探化探计算技术,1990,12(2):155-158.

[45]　刘杰,杨振团,帅庆伟.河道预测中的地震相干技术[J].长江大学学报(自然科学版),2010,7(2):195-197.

[46]　陆文凯,张善文,肖焕钦.基于相干滤波的相干体图像增强[J].天然气工业,2006,26(5):37-39.

[47]　杨培杰,穆星,张景涛.方向性边界保持断层增强技术[J].地球物理学报,2010,53(12):2992-2997.

[48]　王振卿,王宏斌,龚洪林.地震相干技术的发展及在碳酸盐岩裂缝型储层预测中的应用[J].天然气地球科学,2009,20(6):977-981.

[49]　吴川,陆光辉,蔡利平.两种地震反演孔隙度预测方法的对比[J].石油物探译丛,2001,2(1):45-53.

[50]　向立宏.济阳坳陷泥岩裂缝主控因素定量分析[J].油气地质与采收率,2008,15(5):108-142.

[51]　曹统仁.VSP平均速度的应用[J].西南石油学院学报,1999,21(2):46-48.

[52]　陈业全,刘春晓,王道义.塔里木盆地中原探区速度场研究方法[J].地球物理学进展,2004,19(3):656-657.

[53]　肖国益,王秀东,李连坤,等.调整井复杂地层压力预测的新方法[J].石油钻探技术,2002,30(2):7-9.

[54]　陈学国.三维地层压力预测方法及应用研究[J].石油钻探技术,2005,33(3):13-14.

[55]　郑荣和,黄永玲,冯永良,等。东营凹陷下第三系地层异常高压体系及其石油地质意义[J].石油勘探与开发,2000,27(4):67-70.

[56]　姜照勇,孟江,祈寒冰,等.泥岩裂缝油气藏形成条件与预测研究[J].西部探矿工程,2006,124(8):94-95.

[57]　王峭梅,荆玲,赵泳等.文留地区泥岩裂缝油气地球化学特征分析[J].断块油气田,2007,14(4):4-7.

[58]　郭瑾.东营凹陷利津洼陷泥岩裂缝气藏成藏条件[J].石油天然气学报,2009,31(5):222-225.

[59]　季玉新,王秀玲,曲寿利,等.罗家泥岩裂缝检测方法研究的进展[J].石油地球物理勘探,2004,39(4):428-434.

[60]　张荣忠,郭良川.从地震资料中提取应力信息的动态流体法[J].油气地球物理,2003,1(4):23-28.

[61]　金衍,陈勉,郭凯俊,等. 复杂泥页岩地层地应力的确定方法研究[J]. 岩石力学与工程学报,2006,25(11):2287-2291.

[62]　李勇明,杜成皮,毛虎,等. 基于测井资料的压裂井地层应力分析技术[J]. 油气井测试,2010,19(3):5-7.

[63]　韩永臣,刘晓宇,李世海. 模拟演示材料脆性破裂过程的三维离散元模型[J]. 力学与实践,2010,32(3):50-60.

[64]　阎树文,常贵钊,张永敏,等. 岩石破裂压力和力学特性参数的计算[J]. 西南石油学报,1994,9(4):7-11.

[65]　李庆辉,陈勉,金衍,等. 页岩脆性的室内评价方法及改进[J]. 岩石力学与工程学报学报,2012,31(8):1680-1685.

[66]　刘广锋,陆红军,何顺利. 有限元法开展油气储层地应力研究综述[J]. 科学技术与工程,2009,9(24):7430-7435.

[67]　张熙,单钰铭,冉令波. 有限元法在地应力研究中的应用[J]. 石油规划设计,2011,22(3):14-17.

[68]　王衍森,吴振业. 基于有限元模型的三维地应力求解方法[J]. 岩土工程学报,2000,22(4):426-429.

[69]　单钰铭,刘维国. 地层条件下岩石动静岩石力学参数的实验研究[J]. 成都理工学院学报,2000,27.(3):249-254.

[70]　谢刚. 用测井资料计算最大和最小水平应力剖面的新方法[J]. 测井技术,2005,29(1):82-89.

[71]　张景和,孙宗颀. 地应力、裂缝测试技术在石油勘探开发中的应用[M]. 北京:石油工业出版社,2001.

[72]　林英松,葛洪魁,王顺昌. 岩石动静力学参数的试验研究[J]. 岩石力学与工程学报. 1998,17(2):216-220.

[73]　陈颙,黄庭芳,刘恩儒. 岩石物理学[M]. 北京:中国科学技术大学出版社,2009.

[74]　陈勉,金衍,张广清. 石油工程岩石力学[M]. 北京:科学出版社,2008.

[75]　陈颙,黄庭芳. 岩石物理学[M]. 北京:北京大学出版社,2001.

[76]　Li Qiuguo, Zhao Liangxiao, Chen Yuxin etc. Abnormal pressure detection and wellbore stability evaluation in carbonate formations of east sichuan[J]. China IADC/SPE 59125.

[77]　R.C.RANSOM. A Method for Calculating Pore Pressure from Well Logs[J]. THE LOG ANAYLST,1986:2-4.

[78]　丁次乾. 矿场地球物理[M]. 东营:石油大学出版社,2006.

[79]　樊洪海. 测井资料检测地层孔隙压力传统方法讨论[J]. 石油勘探与开发,2003,30(4):72-73.

[80]　张敏. 基于声波测井信息的地应力分析与裂缝预测研究[D]. 北京:中国石油大学,2008.

[81]　S. Li. and C. Purdy. Maximum horizontal stress and wellbore stability while drilling Modeling and case study[J]. SPE139280,2010:1-3.

[82]　Colin Sayers,Charles Russell,Mauro Pelorosso etc. Determination of rock strength using

advanced sonic log interpretation techniques[J]. SPE124161,2009:4-7.

[83]　刘允芳. 岩体地应力与工程建设[M]. 武汉:湖北科学技术出版社,2000.

[84]　蔡美峰. 地应力测量原理和技术[M]. 北京:科学出版社,2000.

[85]　Han,De hua,Nur A,Morgan D. Effects of porosity and clay content on wave velocities in sandstones[J]. Geophysics,1986,51(11):2093-2107.

[86]　Xu S,White R. A new velocity model for sand-clay mixtures[J]. Geophysical Prospecting,1995. 43(1):1993.

[87]　邵才瑞,印兴耀,张福明,等. 利用常规测井资料基于岩石物理和多矿物分析反演横波速度[J]. 地球科学(中国地质大学学报),2009,34(4):699-707.

[88]　李志明,张金珠. 地应力与油气勘探开发[M]. 北京:石油工业出版社,1997.

[89]　刘泽凯,陈耀林,唐汝众. 地应力技术在油田开发中的应用[J]. 油气采收率技术,1991,1(1):48-56.

[90]　Zoback M D. Reservoir geomechaics[M]. New York:Cambridge University Press,2007.

[91]　王平. 含油盆地构造力学原理[M]. 北京:石油工业出版社,1993.

[92]　Heidbach O,Tingay M,Barth A,et al. The 2016 release of the World Stress Map (available online at www.world-stress-map.org),2016.

[93]　Zoback M D.,Moos D,Mastin L. Well bore breakouts and in situ stress[J]. Journal of Geophysical Research,1985,90 (B7):5523-5530.

[94]　Zoback M. D.,Barton C A. Determination of stress orientation and magnitude in deep wells[J]. International Journal of Rock Mechanics and Mining Sciences. 2003,40:1049-1076.

[95]　李四光. 地质力学方法[M]. 北京:科学出版社,1976.

[96]　谢富仁,崔效锋,赵建涛,等. 中国大陆及邻区现代构造应力场分区[J]. 地球物理学报,2004,47(4):654-661.

[97]　高建理,丁健民,梁国平,等. 华北地区盆地内地壳应力随深度的变化[J]. 中国地震,1987,3(4):82-89.

[98]　马宗晋,张进,任金卫,等. 全球 GPS 矢量场的分区描述及规律性分析[J]. 地质学报,2006,80(8):1089-1100.

[99]　王仁,何国琦,殷有泉,等. 华北地区地震迁移规律的数学模拟[J]. 地震学报,1980,2 (1):32-42.

[100]　孙叶,谭成轩. 中国现今区域构造应力场与地壳运动趋势分析[J]. 地质力学学报,1995,1(3):1-12.

[101]　葛洪魁. 地应力测试及其在勘探开发中的应用[J]. 石油大学学报,1998,22(1):32～37.

[102]　孙宝珊,丁原辰,邵兆刚,等. 声发射法测量古今应力在油田中的应用[J]. 地质力学学报,1996,2 (2):11-17.

[103]　许忠淮,汪素云,黄雨蕊,等. 由大量的地震资料推断的我国大陆构造应力场[J]. 地球物理学报,1989,32(6):636-647.

[104]　欧阳健,李善军. 双侧向测井识别与评价渤海湾深层裂缝性砂岩油层的解释方法

[J]. 测井技术,2001,25（4）:282-286.

[105]　罗晓容. 构造应力超压机制的定量分析[J]. 地球物理学报. 2004,47（6）:1086-1093.

[106]　刘显太,戴俊生,徐建春,等. 纯41断块沙四段现今地应力场有限元模拟[J]. 石油勘探与开发,2003,30(3):126-128.

[107]　宋书君. 复杂断块群四维应力场模型及油藏预测[D]. 北京:科学院地质与地球物理研究所,2003.

[108]　孙喜新. 济阳坳陷馆陶组构造特征及成藏模式研究[D]. 广州:中国科学院广州地球化学研究所,2005.

[109]　徐守余. 渤海湾地区盆地动力学分析及油田地质灾害研究[D]. 北京:中国地质大学,2004.

[110]　徐珂,汪必峰,付晓龙,等. 渤南油田义176区块三维应力场智能预测[J]. 西南石油大学学报（自然科学版）,2019,41（05）:75-84.

[111]　李志鹏,刘显太,杨勇,等. 渤南油田低渗透储集层岩性对地应力场的影响[J]. 石油勘探与开发,2019,46（04）:693-702.

[112]　印兴耀,马妮,马正乾,等. 地应力预测技术的研究现状与进展[J]. 石油物探,2018,57（04）:488-504.

[113]　Shawn. C. Maxwell, Theodore. I. Urbancic. The role of passive micoseismic monitoring in the instrumented oil field[J]. The Leading Edge,2001,20:636-639.

[114]　Duncan P. M and Eisner L. Reservoir characterization using surface microseismic monitoring[J]. Geophysics,75(5):139-146.

[115]　Zhang, H. J., Thurber and C. Rowe. Automatic P-wave Arrivall Detection and Picking with Multiscale Wavelet Analysis for Single-Component Recordings[J]. Bulletin of the Seismological Society of America,2003,93(5):1904-1912.

[116]　Andy St-Onge. Akaike information criterion applied to detecting first arrival times on microseismic data[C]. SEG San Antonio 2011 Annual Meeting:1658-1662.

[117]　Song,F.,H.S. Kulei et al. An improved method for hydrofracture-induced microseismic event detection and phase picking[J]. Geophysics,Vol.75,NO.6,2010:A47-A52.

[118]　Zimmer,U. Localization of microseismic events using headwaves and direct waves[J]. SEG Denver 2010 Annual Meeting:2196-2220.

[119]　Aminzadeh,F.,Tafti T.A.,Maity D. An integrated methodology for sub-surface fracture characterization using microseismic data:A case study at the NW Geysers[J]. Computer and Geosciences,2013,54:39-49.

[120]　王润秋,郑桂娟,付洪洲,等. 地震资料处理中的形态滤波方法[J]. 石油地球物理勘探,2006,28(1):42-51.